U0181040

植物的经营之道

——趣谈植物化学与人类生活

陈晓亚　胡永红　刘　夙　著

上海科学技术出版社

图书在版编目（CIP）数据

植物的经营之道 ： 趣谈植物化学与人类生活 / 陈晓亚，胡永红，刘夙著. -- 上海 ： 上海科学技术出版社，2021.10
ISBN 978-7-5478-5502-7

Ⅰ. ①植… Ⅱ. ①陈… ②胡… ③刘… Ⅲ. ①植物生物化学－普及读物 Ⅳ. ①Q946-49

中国版本图书馆CIP数据核字(2021)第192348号

本书出版受"上海科技专著出版资金"资助

本书受上海市绿化和市容管理局科技项目（G162410）资助

植物的经营之道
——趣谈植物化学与人类生活

陈晓亚　胡永红　刘　夙　著

上海世纪出版(集团)有限公司
上海 科 学 技 术 出 版 社　出版、发行
（上海钦州南路71号　邮政编码200235　www.sstp.cn）
上海盛通时代印刷有限公司印刷
开本 787×1092　1/16　印张 18
字数 250千字
2021年10月第1版　2021年10月第1次印刷
ISBN 978-7-5478-5502-7 / N·228
定价：98.00元

前　言

　　20 世纪 30 年代初，苏联有个神经生理学家叫卢里亚（A. R. Luria），曾经率团到中亚地区一些没有现代教育、不使用文字而基本只靠口头交流来传递信息的"口语社会"去做调查，用一系列的问题考察当地人的思维方式。其中有一个问题是：北极地区的熊是白色的；新地岛在北极地区；请问新地岛的熊是什么颜色的？这看上去是个很简单的推理问题，但是一位接受调查的人却回答说，他不知道是什么颜色，他又没去过新地岛，反正他见过的熊都是棕色的。

　　卢里亚还有一个问题是：树是什么？受试者的回答大概也会出乎很多人的意料——你问我这个问题干什么？谁还不知道树是什么呀！

　　卢里亚的调查后来成了人类学、传播学等社会科学常常援引的例证，表明现代社会和现代教育可以从根本上改变人类的思维方式。不过，如果你因此沾沾自喜，觉得这些没有受过现代教育的人群真是无知，那倒也大可不必。坦率地说，我们现代人对于树木之类植物的认识，恐怕也未必比"口语社会"的人强多少。

　　如果你不服气，不妨做做下面这个简单的测试：请你不要做任何思考，马上在脑海里想象一下：你觉得一朵野花应该是什么样子的？假如你脑海里立即浮现出下一页中的那个形象，那么恭喜你——你对植物的认识太刻板了！

　　如果你还不服气，可以再做一个简单的测试：请你同样不要做任何思考，马上回答：你觉得植物学是做什么研究的？假如你脑海里立即浮现出一群全副迷彩服或登山装的考察队员到深山老林里采集植物的场景，那么恭喜你——你对植物学的认识太刻板了！

植物学（botany），或者更准确地说"植物科学"（plant sciences），在今天是一群从多个角度、多个层次研究植物的学科的统称。虽然在几百年前，以采集、分类、命名为主要研究方法，从宏观层面对植物开展研究的植物分类学占据了植物科学的大头，但是在今天，植物学的研究方法已经极为丰富，在研究层次上也已经"多管齐下"，从单纯的物种层次发展到上起生态系统、下到微观的细胞和分子层面的多个层次。

与此对应的是，今天的很多植物园也不只是把植物从野外采集来种好、搭配成宜人的景观展示给游客的纯旅游机构，同时也肩负了多方面、多层次的科研任务。这些植物园不仅有构思精巧的园景和令人惊叹的公众温室，也不仅有供分类研究用的标本馆和图书馆，还有现代化的实验室：有隆隆作响的各式实验仪器，有许多穿着白大褂的身影奔走在瓶瓶罐罐之间。从某种意义上说，这些看上去不像"植物学"的研究，其实要比那种"典型"的植物学研究更紧迫、更应受人关注——怎样能够让小麦更抗旱？怎样能够让水稻像玉米那样高产？怎样能够大量人工合成那些只能由植物制造的药物？……

人类社会中的刻板印象，有时会严重影响人们之间正常的交际。同样，如果我们对植物、植物科学、植物园的印象还停留在上百年前的那种田园牧歌式想象，那将对植物科学今后的发展带来不利影响。摆在你面前的这本书，就想要介绍植物的另一个侧面——它们不只是姹紫嫣红、竞态极妍的秀丽生灵，它们还是地球上最伟大的工厂，是人类长期以来只能自叹不如的化工专家。要想真正理解植物，没有化学这个角度是万万不行的。

目 录

地球上最伟大的工厂

0.1 植物与动物有什么不同？

亲爱的读者，如果你看到这个书名中的"工厂"和"经营之道"字样，觉得本书可能对你的商业经营或金融投资有帮助，那么我们要先提醒你一下——书中的"主人公"，其实是植物。

我们为什么要写这样一本书呢？原因很简单——作为从事植物研究和知识传播的专业人员，我们一直希望能把植物最有特色的一面展示出来，让大家觉得植物像动物那样，也很有意思。为此，我们首先要知道，植物与动物到底有什么不同。

我国古代著名思想家孔子曾经说过一句话："知者乐水，仁者乐山；知者动，仁者静。"这句话中的"知者"，就是"智者"的意思。对这句话具体含义的解释历来有分歧，但孔子以山的静态与水的动态作对比，借以说明仁者与智者的不同，用意是显而易见的。所以，如果有人对孔子说"智者乐动物，仁者乐植物"，估计孔子会同意的。

从事生物研究或知识传播的人，或多或少都会发现，现在的"智者"要远多于"仁者"——喜欢动物的人远多于喜欢植物的人。这是一个不用做过多调查就可以确证的事实，比如带一个五六岁的小孩子逛动物园和植物园，哪一家更容易使他早早地厌烦，哭着嚷着要回家或去吃汉堡包？我们相信大部分孩子会选择后者。更大点的孩子，不仅不会对

图 0.1 华中五味子
（*Schisandra sphenanthera*）
像这样的藤本植物，通过延
时摄影可以看到它如何向上
攀爬生长。（刘凤摄）

动物园厌烦，而且还会流连忘返。曾经有一个笑话说，一位妈妈责备她
的孩子："你怎么这么不懂事啊？舅舅正在家里，你怎么还会想到要去
动物园看狗熊？"这个笑话之所以让人忍俊不禁，一个重要原因就是它
非常合乎情理，是现实中的确会发生的事。相比之下，能对植物园恋恋
不舍的孩子就要少很多了。

　　植物不能像动物那样灵活自如地运动，这就使它们失去了许多爱好
者。英国著名的科学传播制片人爱登堡（D. Attenborough）也许正是注
意到了这一点，才在他那部伟大的纪录片《植物私生活》（*The Private
Life of Plants*）中大量使用了延时摄影技术，使植物在镜头中能像动物
一样"快速"运动，这部片子也因此倾倒了一大批喜出望外的观众。然
而，只要我们走出室外，这种人造的魅力马上就感觉不到了。我们面前
的树木仍然是那样死气沉沉地立在地上，一动不动，至多在微风拂过的
时候，将叶子抖动出飒飒的响声。

　　植物不能像动物那样吸引到众多的爱好者，还有一个重要的原因
是它们彼此长得太相似了。就拿中国科学院西双版纳热带植物园里的热
带雨林来说吧，对植物完全不懂的人，进去走不了多久大概就会觉得无
聊——这不就是一片阴暗的树林吗？所有的树几乎都一样，所有的灌木
几乎都一样，所有没开花的草，几乎也都一样。如果不是人工种植的一
些兰花和姜科植物，如果不是沿着小路走上半天可以见到什么大板根或

图 0.2　中国科学院西双版纳热带植物园内的望天树（*Parashorea chinensis*）人工林
这种看上去很普通的树，竟然是国家一级保护野生植物。（刘夙摄）

绞杀植物，光是那单调的景象，绝对会让很多人觉得不值一看。然而，这片热带雨林却是植物物种多样性极为丰富的地方，走几步路的距离就可以让你见到几十种植物——前提是你得认识它们。

　　与此类似，有过鉴定植物照片经历的人都知道，照片上的植物，很多时候很难准确识别，除非有清楚、全面的花和果实照片，再加上拍摄地点。他们最头疼的大概就是一些人把完全显示不出物种特征的植物照片——要么只有茎叶，要么只有从远处拍摄的模模糊糊的全株形态——拿给他们鉴定。然而，这些求鉴定的人其实并不是故意刁难，只是低估了植物之间的类似性，以为拍成这样就足以定名罢了。

　　如果了解一些生物学的知识，我们还能发现植物其他一些不如动物"高级"的地方。比如，动物身体一般都有明确的结构和形状，成体大小也比较稳定，器官与器官之间界限非常明显；任何一个个体的每一种器官的数目通常都是固定的，如有异常，往往是畸形。植物的"身体"却没有十分明确的结构。面对一个树干横截面，没有经验的人至多看出一圈圈年轮，却分辨不清哪儿是皮层，哪儿是韧皮部，哪儿是木质部。植物的形状和大小更是变化多端，一株刚开始结果的银杏与一株上百年的银杏相比，二者树形和大小相差极大，而且我们谁也说不清一株树究竟能长出多少根枝条，一次能开出多少朵花。

高等动物通常有比较固定的寿命和单一的繁殖方式——有性生殖。比如，根据《2019年我国卫生健康事业发展统计公报》，中国居民在2019年时的人均预期寿命为77岁；据可靠资料，迄今已知的世界最长寿的人活了122岁。这两个岁数显然都落在十的二次方这个量级附近，通俗地说，就是都在一百岁上下。人类只有性交这一种繁殖后代的方式，科幻小说里那种拿一个细胞就可以克隆出许多个体的情节，至少在目前还是幻想。

植物的寿命就不同了。除了一年生、二年生和有限多年生植物，还有许多植物是"无限"多年生的。如果没有外在因素干扰，有的植株也许可以活上几千几万年而仍然不死。

图0.3 我国南方常见的狗牙根（*Cynodon dactylon*）草坪（刘夙摄）

植物除了有性生殖（比如开花结实），还通过无性生殖来大量繁衍后代，禾草就是最有说服力的例子之一。有的禾草可以通过长长的地下茎，在短短几年内就占领一大片草原。假如我们在某片草原的不同地方任取几片这种禾草的叶子去做鉴定，可以发现它们的遗传信息都是一样的，这说明它们其实都是同一株植物的分枝。如果我们把所有这些通过根茎相连的植株看成一个整体，那么这可能是世界上最大的生物体之一了！但是通常我们还是把这些植株看作众多的个体。于是，靠着强大的无性生殖能力，植物的个体界限居然变得模糊不清了。

凡此种种，似乎都说明，植物比动物要"低级"得多。如果用专业术语来说，就是：植物在细胞、组织和系统级别上的多样性，要比动物低得多。此外，植物不仅组织分化少，而且缺乏像动物那样的神经系统和运动系统，缺乏像动物那么多的结构样式，因此它们的生命缺乏一种"秩序"，也使它们对自己的寿命和繁殖后代的方式都缺乏"规划"。所以，植物的生命不像动物那么精致，自然也就吸引不到众多追求精致生活的人们的青睐了。

神经生物学和心理学的研究都表明，在人类感知其他生物的时候，越是与人类形态或习性相似的生物，越能引起人类神经系统的强烈反应，也越能引发人类的共情心，被寄托种种亲密情感。人类自身就是动物界的一员（在本书中，由于具体情形的需要，有时"人"与"动物"并列），是哺乳类（又称兽类）中的一种，难怪最让人喜爱的生物几乎都是哺乳类。特别是猫狗，它们既会运动又会卖萌，更是成了一些人视如亲生儿女的伴侣动物。比起哺乳类，鸟类受人喜爱的程度就差一些，两栖类、爬行类和鱼类更差一些，而广大的无脊椎动物则往往容易激发人的厌恶本能。至于不会运动又没有动物那么精致的植物，自然更是只能享受到比爱和恨都更差的待遇——无视。

0.2 有趣的"绿色世界悖论"

也许你会疑惑：同样在地球上生活了几亿年，为什么动物那么精致，而植物却这么"邋遢"呢？研究表明，这是因为它们从一开始就在生存方式上产生了重大差异。为了说清楚这一点，让我们先从"绿色世界悖论"（green world paradox）谈起。

绝大多数植物会通过一个叫"光合作用"的过程从阳光中吸收能量，用这些能量把二氧化碳和水这两种简单的原料合成复杂的化合物，满足自身生长和繁殖的需求。用专业术语来说，植物是自养生物，绝大多数能量和物质是自力更生获取的。与此不同，动物不会光合作用，不能利用二氧化碳等简单的原料合成复杂的化合物，只能靠吃植物或其他动物来获取能量和物质，满足生存和繁殖的需要，因此是异养生物。

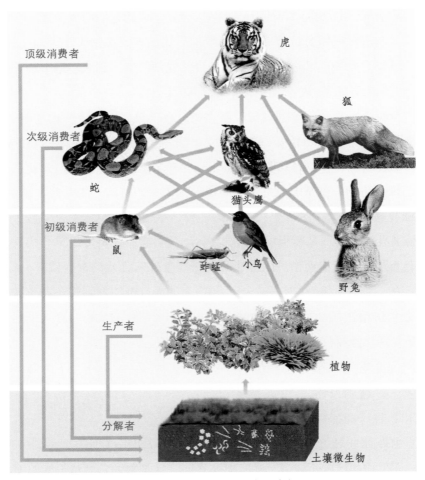

图 0.4 一个陆地生态系统中的食物网

在一个陆地生态系统中，虎捕食狐、猫头鹰、蛇，而后三者又以鼠、小鸟、野兔等小动物为食，这些小动物主要以昆虫（蚱蜢等）、植物（禾草等）为食。这一食物链中，虎是顶极消费者，狐、蛇是次级消费者，野兔、昆虫是初级消费者，植物为生产者，土壤微生物是分解者。分解者最终将动植物死亡后的复杂有机物分解成简单的无机物，实现化学元素循环和能量流动。（图片引自《彩图科技百科全书.第三卷，生命》，2005）

自从自养生物与异养生物分道扬镳之后，地球上就出现了食物链。"禾草—野兔—狐"就是一条典型的食物链——禾草作为自养生物，既生产了自身需要的养分，又"不得不"生产出供野兔消费的养分（假如禾草和人类一样有思维，它们肯定是不愿意被野兔吃的）。野兔通过摄食禾草既获得了自身需要的养分，又"不得不"生产出供狐消费的养分。同一个生态系统中的许多食物链交织起来，就形成一张复杂的食物网。也许你已经对这些饶有趣味的基本生态学术语很熟悉了。

当然，食物网的出现也带来了如下的有趣问题：为什么地球至今还是绿色的？为什么那些食草动物（鼠、昆虫、小鸟、野兔等）没有把植物都吃光，然后自己全部饿死呢？换种拟人化的说法，就是：食草动物是怎么"聪明"到"知道"要为植物留出一定的数量，从而能够和它们共存，避免自身同归于尽的？这就是生态学上有名的"绿色世界悖论"。

绿色世界悖论至今没有完美的答案。然而，这并不是说科学家还无法回答这个问题。很多时候，一个科学问题没有统一的答案，是因为科学家提出了好几个答案，但没有哪一个答案能完全压过其他答案。对于绿色世界悖论，生态学界就有两类针锋相对的假说试图解决它。

一类假说被称为"自上而下式"——认为狐、猫头鹰、蛇之类站在食物链最顶端的生物，是决定生态系统演化的重要力量之一。正因为它们参与控制了野兔之类的食草动物的数量，才让植物没有被食草动物完全吃光。除了这些威风凛凛的捕食者，还有一类"猥琐"的小动物——寄生虫——通过一种"不光彩"的方式折损着食草动物的寿命和数目，和捕食者共同限制了食草动物种群的规模。此外，致病性细菌和病毒也能起到类似寄生虫的作用。

另一类假说被称为"自下而上式"——认为决定生态系统演化的重要力量在于食物链最底端的植物。植物为了抵御食草动物的摄食，会发育出阻挠它们下口的形态（比如繁茂的刺），制造它们无法食用的结构（比如食草哺乳类就吃不了木头），合成味道恶劣或有毒的化学物质（比如各种苦味物质），并让它们合成的一部分物质变成对食草动物毫无用处的"冗余"物质，从而为自己留出了生存机会。用提出这类假说的学者自己的话来说，所谓的"绿色世界"实际上是"多刺而难吃的世界"，看上去郁郁葱葱的植被实际上是"绿色荒漠"，植物大部分的生物质是动物不能利用的。

这两类假说都有其拥护者。他们做了很多人为控制的生态学实验，试图验证各自支持的假说的正确性，有时是从生态系统里移走一种捕食者，有时是添加一种新的食草动物，有时是在土壤中施加更多促进植物生长的矿物质……50多年过去了，虽然学术界获得了一些初步的结果，但离得出最终结论仍然差得很远。

当然，对于生态系统这样复杂的巨系统来说，很多现象都有众多成因。上面这两类假说并非彼此完全排斥的关系，它们完全可以都成立，并在不同的条件下（比如不同季节）发挥着不同的作用，这也是绝大多数生态学者的共识。总之，通过"自上而下"和"自下而上"两类途径的共同作用，亿万年来，食草动物的数目和它们对植物的"危害"都一直被有效地控制在一定范围内，于是植物始终不用"担心"自己有被全部吃光的危险。当然，不管植物还是动物，它们的数量最终都要受到环境因素的限制。在苔原、荒漠之类环境恶劣的地方，二者的数目和多样性都很低，食物链层数也少；在热带雨林这样环境优越的地方，二者的数目和多样性都很高，食物网也极为复杂。

如果这样的涉及具体机制的回答让你还觉得欠缺了什么，那么哲学上对绿色世界悖论还有一个终极的答案——人择原理（anthropic principle，也有人译为人存原理）。人择原理本来是用来回答一个天文学问题：为什么我们观测到的宇宙会是这个样子？如果不归功于神灵的创造，那么最佳的回答是：尽管宇宙本身可以有无限种可能，但其中只有一小部分宇宙能保证人类演化出来，然后才会有人提出这个问题，所以我们只能存在于这样的宇宙中，而我们只能观测到如此面貌的宇宙。

同理，我们也只能存在于一个植物能够始终存在的世界中，因为有了植物，才能保证生态系统一直存在，才能保证有足够的时间演化出形态复杂的动物，才能保证人类从类人猿中演化出来，然后才能有人提出绿色世界悖论。假如有一个生命宜居的星球，好不容易演化出了植物这样的自养生物，却不幸又演化出了疯狂的异养生物；异养生物很快就把自养生物全部吃光，然后自身灭绝，最后那个星球的生态系统崩溃、消亡，也就不可能演化出类似人类的智慧生物了。

0.3　差点毁灭生命世界的古植物

事实上，在地球的地质年代中，曾经有很长一段时期，动物给植物造成的生存压力并不大。如果人类生活在古生代，要担心的恐怕不是植物被食草动物吃光，而是没什么动物吃植物。有古生物学家认为，因为古生代的动物不懂得吃植物，植物的疯长曾经造成了一次重大的全球性生态危机，引发了生物大灭绝。

自从古生代早期的"寒武纪大爆发"以来，地球上先后经历了 5 次非人为的生物大灭绝（如果把寒武纪本身的一系列灭绝也算上，则是 6 次）。其中，第二次大灭绝发生在大约 3.59 亿年前的古生代晚泥盆纪，当时全球的海洋动物中有 50% 的属和 19% 的科完全消失。和其他 4 次生物大灭绝一样，这次晚泥盆纪大灭绝的起因也是众说纷纭，但植物很可能在其中扮演了重要作用。

原来，自从地球生命在大约 38 亿年前出现之后，在地质史的大部分时间里，它们基本上只生活在海洋中，而当时的陆地还是一片不毛之地。到了大约 4.19 亿年前的古生代志留纪，植物却成功地从海洋移居陆地。这个时候，展现在它们面前的是一片前途无量的天堂般的胜境——这里根本就没什么能吃它们的动物，只要把大自然的挑战克服过去了，它们想怎么活就怎么活。于是植物就这样步伐缓慢却稳健地一点一点征服了陆地。在志留纪之后的泥盆纪初期，陆生植物还很矮小，只有几十厘米高，但到了泥盆纪晚期，陆生植物就演化出了 30 米高的参天大树。这个时候，地球上开始出现了广袤的森林。

宙	代	纪	世	距今时间（百万年）
显生宙	新生代	第四纪	全新世	0.01
			更新世	2.6
		新近纪	上新世	5.3
			中新世	23
		古近纪	渐新世	33.9
			始新世	56
			古新世	66
	中生代	白垩纪		145
		侏罗纪		201
		三叠纪		252
	古生代	二叠纪		299
		石炭纪		359
		泥盆纪		419
		志留纪		444
		奥陶纪		485
		寒武纪		541
元古宙	新元古代	埃迪卡拉纪		635
		成冰纪		850
		拉伸纪		1000
	中元古代	狭带纪		1200
		延展纪		1400
		盖层纪		1600
	古元古代	固结纪		1800
		造山纪		2050
		层侵纪		2300
		成铁纪		2500
太古宙	新太古代			2800
	中太古代			3200
	古太古代			3600
	始太古代			4000
冥古宙				

图 0.5 地质年代简表

表中的颜色是地质学上为每个年代确定的标准用色。

为什么植物要长高？这是一个很好理解的生存竞争问题：如果一株植物因为变异长得略高了一点，它就可以提前截获从天上照下来的阳光，供光合作用之用，因此可以长得更繁茂，产生更多后代；在它阴影之下的其他植物却没法得到那么多的阳光，也就生长得不好，只能产生较少的后代。这个过程持续进行，携带了高个子遗传型的植株的后代越来越多，携带了矮个子遗传型的植株的后代越来越少，总的来看，植物就长高了。（不过要补充一句：前面说的是构成森林上层的树种；森林植物也可以向另一个方向演化，就是越来越忍受林下的遮阴环境，这样就用不着非长高不可了。）

当然，在这场长个子的竞赛开始之前，植物需要先具备一个本领，就是在体内长出类似动物血管一样的管道，有的用于把水分从地下输送到高处，有的用于把光合作用制造的养分输送到全株各处。这种用来在植物体内运输水分和养分的管道结构称为维管，而拥有维管的植物就是维管植物，包括蕨类和种子植物。与此同时，为了更好地吸收水分和支持地上部分，维管植物还要长出庞大的根系，牢牢扎在地下。

如果要问，植物的根扎在什么地方？你可能会不假思索地回答说："扎在土壤里。"然而，这个今天我们司空见惯的现象，在志留纪植物刚登陆时却不可能存在，因为土壤并不是地球陆地上本来就有的东西！在植物登陆之前，陆地上只有连绵的岩石基底、风化而成的碎石块，以及分散在它们之间的更细小的灰尘，就像火星或月球的表面那样。一直到陆生维管植物取得大发展之后，因为它们的根系拼命往岩石的缝隙里扎，大大加快了岩石碎裂和解体的速度，这样才最终凡是有植被的地方，地面上都形成了一层由细小的岩石碎屑和凋落的生物质混合而成的物质——土壤，厚可达几米到几十米。

在土壤形成的过程中，岩石中的氮、磷等营养元素大量被释放出来，一部分被植物利用，另一部分随雨水流入了河湖，最终进入海洋。大量营养元素在海水中富集，造成海水的"富营养化"，引发浮游生物暴发。这些生物的疯狂生长消耗了海水中的氧气，造成缺氧。与此同时，岩石中的重金属也被大量释放出来，同样在海水中富集。因此，很可能是海水缺氧和重金属毒害的共同作用，导致晚泥盆纪大量脆弱的古老海洋生物走向灭亡。

事情到这里还没有完。泥盆纪之后是石炭纪和二叠纪。尽管最早的陆生脊椎动物——原始两栖类——在泥盆纪已经出现，由它们演化出了当时以迷齿类为主的多种多样的两栖类，但它们的成体毫无例外，全都是食肉动物。换句话说，虽然与森林在同一片陆地上共处了将近1亿年，两栖类在当时全然没有去吃这些森林中的植物。就这样，植物便继续在陆地上优哉游哉地生长，而森林茂盛到了无以复加的程度。植物合成的生物质的量实在太大了，而且大部分都是早期昆虫、其他无脊椎动物以及微生物无法利用的物质。于是，相当一部分死亡的树木逐渐沉积到了地底，久而久之，就形成了大面积的煤层。"石炭纪"这个名字，在英文中叫"Carboniferous Period"，直译就是"成煤纪"。之所以现在我们管它叫"石炭纪"，只不过因为煤在日文中叫"石炭"，所以日本学者把这个

图 0.6 19 世纪末画家笔下的石炭纪森林（公版图片）

名字翻译成"石炭纪"，后来中国学者又直接把这个词照搬过来罢了。

大片的煤层把许多碳封存在地下，减少了空气中二氧化碳的含量，减轻了温室效应，也就让地球气温不断下降。于是在古生代的石炭纪和二叠纪，地球进入了一段特殊的"卡鲁冰期"（Karoo Ice Age），当时位于南半球的超级大陆冈瓦纳古陆（包括了今天非洲、南美洲、澳大利亚、新西兰、印度次大陆等陆块）的南部全部覆盖上了厚厚的冰层。虽然这次冰期没有造成特别严重的生物大灭绝，但也是地质史上的一次环境剧变。

大型食草动物的第一次大规模出现始于大约 2.52 亿年前的中生代三叠纪。只不过，那时候终于知道去吃植物的大型动物并不是两栖类，而是从两栖类中演化出来的爬行类了。大型食草动物的出现是生命演化史上的一件大事，因为这标志着大量的陆生植物从此不再近乎自生自灭，而是大规模地成为陆生动物的食粮，从而极大地开辟了陆生动物的生存空间，也使陆地生态系统发生了重大改变。

然而，这个时刻来得太迟了。在此之前的约 1.67 亿年间，相对悠闲的生存环境已经永久性地塑造了陆生植物的"邋遢"面貌。当初它们不需要移动也可以在陆地上过得很好，于是未能演化出专门的运动系统，失去了它们的水生单细胞祖先灵活的运动能力。同样，它们也未能演化出协调机体感官和运动的神经系统，这决定了它们沿着这条路已经不可能再演化成人类这样的智慧生命。即使从中生代开始，大型食草动物和高度多样的昆虫终于给陆生植物带来了强大的生存压力，陆生植物也只能通过"多刺而难吃"这种古怪的策略来反抗了！

0.4 化学是了解植物的独特方式

讲到这里，我们算是弄清楚了动物与植物的差别，以及这种差别的由来。然而，对想要给公众传播植物学知识的人来说，越是了解这些知识，大概就越羡慕那些做动物学知识传播的同行，觉得后者天然占有了一群特色鲜明、怎么展示都吸引人的生物。不过，当他们在羡慕别人的时候，又有其他人在羡慕他们。同样从传统的"博物学"（natural history，也叫"自然史"或"自然志"）分支衍生出来的自然地理学和地质学的传播者，要想把知识传播做得生动活泼，恐怕要比植物学同行更得动一些脑筋——毕竟，植物与我们日常生活的关系还是很密切的。随着博物学在我国的复兴，与植物相关的知识传播活动虽然比不上动物学和天文学，但也完全可以说搞得有声有色。

植物识别和植物摄影就是非常流行的植物学知识传播活动。每逢周末或节假日，大家约上三五个小伙伴，一起去深山老林里转转，看到有趣的植物就用手中的单反相机或手机拍下来，回来之后把它们鉴定到种，再将照片往社交媒体上一发，准保引发很多人欣羡。尤其是一些"颜值"很高的明星种（比如各种兰花，或是早春林下的球根花卉），一直是爱好者圈子里竞逐的对象。如果有人闲暇、好运与技术兼得，拍到了它们的靓影，那更是要让很多无缘一见的同好嫉妒得要死。有时候，这种植物识别和摄影活动还能对科研有促进作用，比如可以发现某种植物在某个地区的新分布，甚至发现学术界前所未见的新种类。

然而，与此对应的动物识别和摄影活动搞得更轰轰烈烈，鸟类、哺乳类、两栖类、爬行类、鱼类、昆虫各有非常成熟的爱好者圈子，他们和科研人员的合作更紧密。无独有偶，天体识别和摄影活动也非常引人入胜，也有一些非常专业的业余人士曾经抢在专职的天文学工作者之前发现了彗星、超新星之类新天体和天文现象。说到底，植物识别和摄影只是生物识别和摄影活动的一部分，后者又是更广泛的博物识别和摄影活动的一部分。因此，植物这方面的知识传播并没有体现植物本身的特色。

植物文化也是很多人感兴趣的内容。折柳代表离别，"杏林"是医学界的美称，这是中国古代的传统植物文化；水仙花是自恋美少年的化身，颠茄可以被女巫用来召唤"狼人"，这是西方古代的传统植物文化。最近一个多世纪，新的植物文化仍然在不断出现，比如母亲节送香石竹（即康乃馨）是 20 世纪初才在美国确立的文化；合欢因为在春季的期末考试时开花，被中国的学生称为"考试花"，这至多只有几十年历史。更有一种近年来在中国兴起的风俗，就是在"平安夜"（圣诞节前夜）吃苹果，因为"苹"与"平"同音，可保食者"平平安安"——堪称"中西合璧"式的现代植物文化了！

图 0.7 合欢（*Albizia julibrissin*）的叶

因为复叶上的小叶在晚上会两两闭合，故名"合欢"。（寿海洋摄）

植物因为不会动，古人易于接近，所以很容易识别出许多种类。古人对它们分别寄托一定的文化象征之后，便逐渐创建出庞大的文化体系，这当然算是一种特色。然而，类似的动物文化也不是没有，我们同样可以举出很多例子来——老虎在中国象征勇猛，所以小孩要戴虎头帽、穿虎头鞋以辟邪，古代兵制中也有"虎贲"的名号；蝙蝠在西方是不祥的哺乳类，总是与吸血鬼这种可怕的恶灵联系在一起，但它们却被古代中国人视为"福气"（"蝠"与"福"同音）……更不用说，动物（特别是社会性动物）因为习性和人类有相似之处，太容易拿来比喻人类了。最典型的例子就是"鹰派"和"鸽派"这两个对立的概念，分别用来比喻某些特定人群中的强硬者和温和者。

此外，植物文化既然是科学与人文的交叉产物，虽然具有一种"跨界"式美感，但不可避免会让一些人觉得它不是纯粹的科学。一些喜欢动物的人就瞧不上植物文化中那种多愁善感、酸文假醋的调调。不仅如此，西方学者也发现，植物在中国文化中常常与柔弱和女性联系在一起。这当然是一种刻板印象，但在传统和现代文化中都积重难返，这又难免让植物文化的传播背负一些沉重的包袱。

然而，还是有一个领域非常能体现植物的特色，这就是植物化学。作为地球上与人类关系最密切的自养生物，植物合成了大量的生物质，既供自身使用，也为食草动物和人类提供了丰富的食粮。在人类社会中，大概只有北美洲最北部的因纽特人可以整年不吃植物性食品，其他社会或多或少总要吃些植物——比如蒙古族、藏族这些曾经以游牧经济著称的民族，也吃谷物做的食品，也要喝茶。今天，在人类的 7 类最重要的营养物质——水、糖类、脂质、蛋白质、矿物质、维生素和膳食纤维中，糖类和膳食纤维绝大多数来自植物，脂质、蛋白质、矿物质和维生素有很大比例来自植物，甚至水也有一部分来自植物。此外，植物大量合成的纤维素和木质素等物质，虽然人类不能直接食用，却有其他方面的重要用途——比如纤维可以纺织，木材可以用于建筑和制作各种器具。

不仅如此，就像前面已经说过的，正是因为陆生植物早期那种悠闲的演化史导致它们失去了演化出运动系统和神经系统的机会，结果在食草动物的压力终于到来之时，它们已经不能像动物那样能主动逃离天敌的侵害。于是陆生植物只能发展出"多刺而难吃"这种另类的制敌手段，包括合成多种多样味道恶劣或有毒的化学物质。在这些物质里面，有的对人类也有强烈的生物活性，其中一些成为能夺人性命、令人谈之色变的毒药，另一些却成为治病救人的良药。还有一些植物的防御性化学物质不仅对人类毒性很低，反而可以愉悦人类的味觉或嗅觉，结果这些植物成了让人欲罢不能的芳草、香料和香精植物。

毫无疑问，通过光合作用和与之相关的一系列生化反应合成出大量生物质的植物，是地球上最伟大的工厂，也是真正绿色的"世界工厂"。既然是工厂，我们便不难发现植物一些符合人类社会的经济学原则的现象。比起一般植物文化那种表面上的隐喻来，植物这些精打细算的本领与人类行为有更强的相似性，反过来可以真正加深我们对人类社会的理解。这就是我们最终决定写这样一本讲植物化学产物的科普图书，而且把书名叫作"植物的经营之道"的原因。

如今，"化学"这个词在一般民众心目中似乎总是和"人工合成的""非自然的""对人体和环境有害的"之类标签捆绑在一起，但实际上化学品对人类生活的贡献远远大于负面影响。虽然包括空气和水在内的绝大多数物质都由化学成分（包括天然产生和人工生产）组成，在日常生活中根本就找不到任何不含化学成分的有形物质，但电视广告里还是常常见到宣称"纯天然、不含化学成分"的某些食品或化妆品。

然而，化学其实是一门很有意思的学科。特别是植物化学，它一头联系着植物的独特演化史，另一头联系着植物在人类社会中的用途，进而联系着植物文化。它既向我们展示了自然的智慧，又让我们能够了解人类在学习自然智慧时展现出的同样迷人的智慧。它把自然与人紧紧结合在一起，也把我们的物质生活和精神家园紧紧结合在一起。

接下来，就让我们开始，一边了解化学的一些基础知识，一边用化学的眼光打量植物吧。你准备好了吗？

第 1 章

得天独厚的元素

1.1 为什么是碳？——地球生命至关重要的物质基础

想要了解植物工厂内部热火朝天的生产过程吗？请允许我们从一种至关重要的化学元素说起，这种元素就是碳。

今天的天文学家认为，当 137 亿多年前的宇宙刚从大爆炸中诞生并冷却下来时，你在它的任何一个角落里都找不到碳。那时候充斥整个宇宙的化学元素只有氢和氦。后来，一些由氢和氦组成的分子星云，因为外力扰动，并在引力的作用下慢慢凝聚成一个个稠密的气团。气团核心部位的温度越来越高、压力越来越大，最终把其中的氢原子"点燃"，让它们发生核反应，聚变出更多的氦，同时释放出巨大的光和热，恒星就这样形成了。

恒星的氢燃料是有限的。当较重的恒星中心的氢消耗完之后，便会开始更高难度的核反应——由氦聚变为更重的元素（除了氢和氦之外的化学元素统称为重元素），其中之一就是碳。不仅如此，越重的恒星，在它们生命最后阶段能够制造的元素种类也越多。多亏了这些恒星临终之前的"贡献"，宇宙中的化学元素才能变得如此多种多样。

我们的太阳，就在约 46 亿年前诞生于一片被前代恒星所制造的重元素"污染"过的分子星云中。通过光谱分析可知，太阳本身含有不少重元素。至于太阳系中的其他天体——比如八大行星、不计其数的小

图 1.1 著名的 "蓝色大理石" 地球照片
本图由美国登月飞船 "阿波罗 17 号" 于 1972 年 12 月 7 日拍摄。（美国国家航空航天局公版图片）

行星和彗星，以及在距离太阳系中心 1 光年的地方包围着这些太阳系内部天体的奥尔特云——重元素含量就更高了。在太阳系八大行星里，距太阳第三近的那颗有固体表面的行星十分特殊，在它表面竟然以重元素为基础形成了生命。作为这些生命中最有智慧的一员，我们人类管这颗行星叫 "地球"。

在公众看来，地球生命是美丽的造物，也是大自然的杰作。但在自然科学家看来，地球生命却是一座座精细的化工厂，植物则是其中最伟大的 "世界工厂"。在这些工厂中进行的是以碳这种重元素为基础的许多神奇的化学过程，难怪有人认为地球生命是 "碳基生命"。

碳，不过是目前人类已知的 118 种化学元素中的一种，在元素周期表里排序第 6。然而，在所有 118 种元素中，为什么偏偏是这种元素构成了地球生命的基础？对这个问题可以这样回答——因为地球表面的环境决定了只有碳才可以作为生命的基础元素。

说实在的，天文学家为了破除我们对宇宙生命形态的狭隘想象，可谓不遗余力。美国著名的天文学家兼科普作家萨根（C. E. Sagan）就曾经说过，生命必须以碳为基础的想法其实是 "碳沙文主义"，没有理由认为生命不能以其他元素甚至其他物态为基础。然而，我们必须承认，至少在地球表面的中温低压环境中，碳元素在构建生命系统上所占的优势很大。这里所说的 "中温"，是温度在 0℃ 左右，这样既不太高，也不太低；"低压"，则是 1 个大气压左右，与此相对的 "高压" 可达几千、几万个大气压或更高。

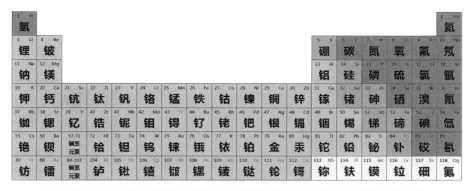

图 1.2 简明元素周期表

截至 2020 年 6 月，人类已经发现或合成了 118 种元素，均已命名。从表中的底色来分，绿色部分为金属元素，蓝色部分为准金属元素，紫色部分为非金属元素。另一方面，红色框中为过渡金属元素，而元素符号为红色表明是放射性元素（包括以前认为稳定的第 83 号元素——铋）。

首先，碳原子彼此挺合得来。在这种中温低压环境中，它们就像拼搭玩具的零件一样，可以相互连在一起，构成链状、环状等五花八门的结构，而这些碳链、碳环就成为很多碳化合物的骨架。（如果你对碳化合物骨架的多样性没有直观概念，相信本章第 5 节的示意图会让你大开眼界。）不仅如此，碳原子与氢、氧、氮、硫、磷等其他元素的原子也很好相处，后者要么点缀在碳链或碳环骨架上，要么参与骨架的搭建，最终形成了不计其数的碳化合物。

与碳原子不同，钠原子就缺乏和别的原子相连的兴趣。食盐是我们天天都吃的矿物质养分，它的化学成分是氯化钠。在固态的食盐中，钠原子（更准确说是钠离子）只是很勉强地和氯原子挨在一起。一旦给它们创造合适的条件（比如放在水里），大喜过望的钠原子马上就迫不及待地和氯原子（以及其他钠原子）说"拜拜"了。所以，钠元素虽然是地球生命活动必不可少的配角，却不可能成为最基础的元素。

其次，碳原子具有 4 份"结合力"，最多可以和 4 个原子相连。打个比方来说，碳原子仿佛一个长着 4 只手的人，最多可以和另外 4 个

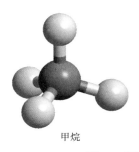 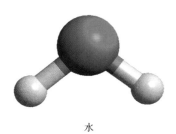

甲烷　　　　　　　　　　　　　　　　　水

图 1.3 甲烷和水的分子结构模型

图中可以看出甲烷（最简单的碳化合物）分子中的碳原子（以深灰色圆球表示）连接着 4 个氢
原子（以浅灰色圆球体表示），而水分子中的氧原子（以红色圆球表示）连接着 2 个氢原子。
像这样用圆球表示原子、用棍表示原子之间的连接（即结合力，化学术语叫"键"）的分子结
构模型，叫作"**球棍模型**"，是一种很直观地表示分子结构的方法。在球棍模型中，碳、氢、
氧等常见原子都有约定俗成的颜色，本书中的所有球棍模型图都遵循了这种配色方案。

人握手。这样，当一个碳原子为了构成碳化合物的骨架而不得不和另
外两个碳原子"握手"时，它仍然还有两只"手"空着，可以再和两
个原子"握手"。这种化合时的充裕自由度，也是碳化合物数目庞大的
重要原因之一。与此不同，氧原子只有 2 份"结合力"，最多只能和 2
个原子相连。也就是说，如果氧原子要彼此相连构成氧链，那么除了
两头的氧原子，其他氧原子已经再也没有多余的"手"伸出来和第三
个原子相连了。

　　碳化合物的多样性既保证了它们可以存储多彩生命中丰富的遗传信
息，又使它们成为绚丽多姿的生命活动的物质基础。然而，只有在合适
的物理条件下，碳化合物才能做到这一点，而地球表面正好提供了这样
的环境。在中温低压环境中，碳化合物的活性既不太高，又不太低。活
性不太高，保证了它们可以较稳定地存在，而不是刚形成就分解掉；活
性不太低，保证了它们可以在必要时发生化学反应，转化为其他化合
物，而这些化学反应正是生命活动的本质。换句话说，地球表面为碳化
合物提供了一个最为适宜的"中庸环境"。没有这种宇宙中难得一见的
绝佳条件，以碳化合反应为基础的生命就无法诞生。

　　相比之下，虽然很多天文学家和科幻作家都津津乐道所谓的"硅
基生命"，但若以生命基础元素的标准来衡量，至少在中温低压环境中，

硅元素实在是太差劲了。硅原子自己就不怎么合得来，组成的硅链稍长一点就很容易断裂，活性实在太高。如果以氧为中介组成硅—氧链的话，那又太稳定了，过犹不及。地球上的绝大多数石头就是硅氧化物，而我们都知道石头一向是死气沉沉的象征。

考虑到地球表面存在大量的水，而且水在中温低压环境中正好能够以液态形式存在，碳化合物这种"不可不稳定，不可太稳定"的"中庸性质"就更显宝贵：一来，很多碳化合物可以在水中稳定存在，不用担心水把碳原子骨架破坏掉；二来，水作为一种性能卓越的溶剂，可以提高碳化合物的活性，使它们更容易发生化学反应。其实，鉴于水对于地球生命的重要性，也许我们应该把地球生命叫作"碳—水基生命"，而不是单纯的"碳基生命"。

此外，碳是很多恒星在生命后期都会通过核反应合成的元素，所以它在宇宙中含量比较丰富，在太阳这种富含重元素的恒星及其行星系统中更是如此。这也使地球生命更容易以碳元素为基础演化出来。

1.2 有机和无机——从甲烷说起

地球生命以碳元素为基础构建，这个事实让绝大多数碳化合物有了一个大家非常熟悉的名词——有机化合物，简称有机物。

"有机"是西文词（比如英文的 organic 或德文的 organisch）的直译，本意是"生物的"。这个名字源于科学史上一个错误学说——生机论，该学说认为这类物质只能由生物合成，而且有一种神秘的"生机"在其中起着关键作用；如果没有"生机"的帮助，只用来自非生命世界的"无机物"是无法合成有机物的。

当然，无机世界中也有含碳的化合物，但含碳的无机化合物种类太少，常见的就一氧化碳、二氧化碳、碳酸盐等几类，而且性质与有机物差别很大。绝大多数有机物分子结构复杂，常温常压下是液体或比重很轻的固体，易于燃烧，加热到不太高的温度就会分解。然而，看看二氧化碳吧！这种能让人窒息的气体不仅不能燃烧，而且化学家早就知道它正是有机物燃烧之后的最终产物之一，是全无"生机"的死物质。再看看碳酸盐吧！在地球表面最常见的矿物和岩石中，就有由这些坚硬而沉重的盐类构成的种类，它们和其他石头一样展现了无机世界的死板和顽固。这少数几类碳化合物自然是"不配"归入有机物之列的，把它们看成无机物就好了。

一直到19世纪早期，生机论在化学界还很有市场，代表人物是瑞典化学家贝采利乌斯（J. J. Berzelius）。然而，贝采利乌斯的学生、德国化学家维勒（F. Wöhler）却在1824年和1828年先后确认，他可以用无机碳化合物合成出两种有机物——草酸和尿素。这样就活生生地打破了无机世界与有机世界的界限，特别是合成尿素的实验在化学史上一直被认为具有里程碑式的意义。维勒本人对这一发现也非常得意，曾经在一封写给他的老师的信中说："可以这样说，我已经不能再保持沉默，而必须告诉您，我不需要肾脏，甚至不需要什么动物——不管是狗还是人——就可以制造尿素了！"

然而，生机论在当时并没有因此迅速退潮。毕竟，对于这样一种历史悠久的学说，单独一两个实验还不足以撼动它。维勒合成的还只是些非常简单的有机物，尿素更是一种动物排泄的废物，能用无机碳化合物合成它们大概只能表明它们也不能算有机物，"只配"和二氧化碳、碳酸盐之类为伍吧。

直到19世纪中期，随着乙酸和其他无法再被"开除"出有机物阵营的碳化合物也陆续在实验室中得到合成，生机论才终于慢慢淡出化学家的意识，到20世纪干脆被当成一种"伪科学"。与此同时，有机化学研究和有机化学工业在以德国为中心的欧洲大陆蓬勃兴起。学有机化学的人大概都苦于记忆那些为数众多的"人名反应"，什么第尔斯-阿尔德反应（Diels-Alder reaction）啦、弗里德尔-克拉夫茨反应（Friedel-Crafts reaction）啦，以及莱默-梯曼反应（Reimer-Tiemann reaction）啦。这些有机反应的发现者大多是德语区人士，或是从美国等地慕名前来学习或进修的学者。到了这个时候，"有机物"就再也不能按字面来理解了，它完全成了一个约定俗成的说法，继续作为那些除去极少量简单碳化合物之后的碳化合物的统称。

顺便提示一下，如今在日常用语中，"有机"经常用来指一种农业生产方式——有机农业。某些农业生产者特意不用或少用工业生产的化肥、农药等产品，而是尽量只用自然界中天然存在的物质来种植农作物。据说这样获得的"有机食品"更美味，也更有益消费者的健康。不过，即便是真正的"有机食品"，也可能并不一定就比那些"非有机食品"更美味、更健康——信不信由你。而且，有机农业最大的问题是产量太低。如果全球农民都按"有机"方式种植农作物，那恐怕会引发大饥荒，饿死上亿人（虽然不一定会饿死今天那些有能力消费昂贵的"有机食品"的人）。

还是回到作为严肃化学术语的"有机"吧。如今，几乎所有的化学教科书都会说，甲烷是最简单的有机物。它是一个伸出 4 只手的碳原子和 4 个只有一只手的氢原子化合而成的物质，常温常压下为气体。甲烷在太阳系中很多无生命的星球上都存在，有些星球的甲烷含量还很高，就连水星和月球也曾经检出过甲烷的释放。2006 年，美国航空航天局发射了"新视野号"（New Horizons）太空探测器。2015 年 7 月，经过 9 年的漫漫征途，"新视野号"终于到达距离地球超过 50 亿千米的冥王星附近。对于这颗被天文学家"无情"开除出太阳系大行星队伍的寒冷星球来说，

图 1.4 "新视野号"拍摄的冥王星照片
（美国航空航天局公版图片）

"新视野号"不仅拍到了它的高清照片，让人类见识到了它表面那个神奇的心形图案，而且分析出它表面含有不少甲烷。只不过，在极为寒冷的条件下，冥王星表面的甲烷都冻成了固态的"冰"。如果要较真的话，甲烷本来也应该归入无机物行列。

岂止是冥王星，就连地球表面的大气中也曾经含有大量甲烷。在45亿年前，地球比太阳略晚形成，一开始只是一个炽热的大石球。因为温度太高，很多易于挥发的元素和化合物纷纷从地球逸失，这让地球大气中缺乏水分，但充斥着二氧化碳。然而，在接下来的几亿年时间里，地球先后经历了小行星和彗星至少两轮的狂轰滥炸，从它们那里获得了许多甲烷、水等含有氢元素的易挥发物质。在最后一场大轰炸结束之后，重新冷却下来的地球得以拥有几乎遍布全球的海洋和较浓密的原始大气。也就是说，在生命还没有诞生的时候，地球表面就已经有了很多"有机物"。

不过，后来地球大气在生物的作用下发生了颠覆性变化，其中的甲烷已经消失殆尽（详见第2章）。如今在地球上，虽然甲烷还在以别的方式源源不断地产生，但这一回倒是常常与生命活动有关了。比如说，海洋和湖泊里的水生生物死后，遗体沉积在水底，在一定温度和压力的作用下慢慢形成石油，并经常伴生甲烷；陆地上的植物死后，遗体沉积下来，则会慢慢形成煤层，其中也伴生甲烷。更不用说，还有古菌（一类延续至今的特殊的原核生物，多数生存于极端环境中，曾被称为"古细菌"）可以直接把有机物或二氧化碳转化为甲烷。即便如此，地球上仍然有一部分甲烷是完全通过无机过程形成的。做个不太精确的估计，如今地球上的甲烷大概算"90%的有机物"吧。

因为甲烷很容易燃烧，生成的是洁净的水和二氧化碳，所以天然形成的甲烷是很好的能源，被称为"天然气"。如今我国在农村推广使用"沼气"，其主要成分就是由古菌制造的甲烷。2017年5月，我国第一次在南海试采"可燃冰"成功，而"可燃冰"也是甲烷在海底的高压低温条件下和水分子共同形成的物质。

1.3 不幸"背锅"的水稻——稻田甲烷的真正制造者

甲烷做能源虽好，却有一大坏处——它是一种温室气体。如果它在地球大气层中含量过高的话，会让地球平均气温剧烈上升，我们现在居住的很多平原和沿海大城市都会被汹涌的海水淹没。"可燃冰"的开发之所以进展缓慢，一是技术难度大，二是各开发国都非常小心谨慎——一旦发生事故，造成海底大量甲烷迅速释放，地球环境会发生人类承受不起的剧变。

事实上，在大约 5 500 万年前，地球上曾经发生过一次"古新世—始新世极热事件"，全球平均气温在很短的时间内就上升了 5～8℃，伴随而来的一大后果就是生物的灭绝或迁徙。尽管这一事件的成因还无定论，但目前最有力的假说认为，是因为海底的"可燃冰"突然分解，放出了大量甲烷进入大气层，才导致了这场灾变。

一说到温室气体，大多数人会想到二氧化碳。的确，二氧化碳是最重要的温室气体，但它并不是唯一的温室气体，而且它实际上是效力非常弱的温室气体。科学家估算后发现，同等质量的甲烷和二氧化碳，在释放之后最初 20 年的时间里，前者造成的温室效应强度竟然是后者的 72 倍！因此，研究气候变化的科学家，对于全球甲烷的排放也是忧心忡忡。

遍布亚洲东部的稻田，现在成了某些环境科学家责难的一大对象。他们发现水稻田能排放出相当可观的甲烷，尽管总量还不能完全确定，但至少占到了全球甲烷排放总量的 1/10 以上。这样一来，吃一口米饭简直成了一种有愧世人的不良生活习惯！

不过，水稻可能会觉得自己比爱吃大米的人还冤枉，因为这些甲烷并不是它制造的，绝大多数也不是它排放的。其实，水稻田里的甲烷和沼气及一部分天然气里的甲烷一样，都是由古菌制造的。水稻顶多是在汲取水分的时候，不小心顺便带了一点溶解在水里的甲烷进入体内，再

图 1.5 水稻（*Oryza sativa*）
（图片引自国际水稻研究所，
CC BY 2.0）

把它排进大气而已。这就好比一个不知情的路人不慎踩过凶杀案死者流出的血，鞋子上沾了一丁点血迹，但他不是凶手。与其他粮食作物不同，稻的多数品种要栽在水里。由于水层的阻碍，水稻田的土壤里出现缺氧环境，正适宜这些制造甲烷的古菌生存（要知道，氧气对它们来说完全是一种可怕的毒药！），导致稻田成为甲烷的重要排放源。

一些陈旧的生物分类系统把地球上的所有生物都简单分成动物和植物两大类。据此，基本上所有看上去不像动物的生物都被划入了植物之列。于是，海带是"植物"，蘑菇是"植物"，细菌是"植物"，古菌自然也成了"植物"。面对这种在我国的大学里竟然一直用到 21 世纪初的过时分类体系，不光是水稻，所有其他植物都要大喊"冤枉"了——在地球生命的演化史上，古菌与真正的植物之间的亲缘关系，比植物与动物之间的亲缘关系要远多了！

如今，最权威的生物分类系统一般把有细胞结构的生物先分成细菌、古菌、真核生物三大域（病毒之类没有细胞结构的生物姑且不论）。尽管在最新证据面前，这个划分也有点陈旧了，但至少比"不是动物就是植物"的二分法要靠谱多了。然后，真核生物再分成许多支派，在其家谱树上，动物与真菌（蘑菇之类）的关系非常密切，可以说情同姐妹。能够称得上植物的生物，只剩下陆生植物（苔藓、蕨类、种子植物等）、绿藻、红藻等几类。褐藻（海带之类）也要自立门户，不再顶着

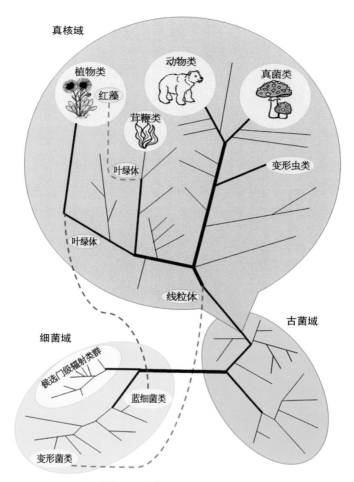

图 1.6 生物三大域发育谱系
按照现在一种比较合理的分类，植物类主要包括陆生植物、绿藻、红藻，而褐藻应归入茸鞭类。

"植物"的头衔招摇过市了。

　　不仅古菌与植物的亲缘关系非常远，而且支撑二者生命活动的基本化学反应也不尽相同。生命活动都需要能量，简单来说，这些能量通常储藏在一些单质或化合物的分子里面。通过一些巧妙的步骤，生物可以让这些化合物发生化学反应，转变为其他物质，同时把能量释放出来供生命利用。

　　植物和我们人类一样，主要通过细胞中的有氧呼吸作用释放能量。尽管植物不像人类这样有一张大嘴，但如果把它们的叶片放到显微镜下，会看到上面有大量的"小嘴"——气孔。植物可以通过气孔从空气中摄取氧气，运送到细胞中。在细胞里面，氧气与糖类等有机物发生复杂的化学反应，最终生成水和二氧化碳。整体来看，这个总反应过程与把糖类加热到燃点让它充分燃烧没有区别，所以生物化学上有一种老生常谈——有氧呼吸就是一种可控而精致的燃烧。在这个热烈如火而又从容如水的燃烧过程中，燃料是糖类等有机物，助燃剂是氧气。如今，有人对面粉、面条之类食物能烧着大惊小怪，觉得有食品安全问题，但这实在是再正常不过的现象——如果一种食物在充分干燥之后烧不着（比如食盐），那它也不可能为人体提供能量。（对于有机物在生物体内的"精致燃烧"过程，第 2 章会详细地介绍。）

当然，中学化学实验已经告诉我们，并不是只有氧气能做助燃剂。把金属镁在纯二氧化碳中加热，它一样可以燃烧起来，并发出夺目的白光。在这个过程中，镁是燃料，二氧化碳是助燃剂，最后生成两种灰烬：氧化镁和碳单质。同样，对古菌来说，不是所有种类的呼吸过程都以氧气为助燃剂。上面提到的可产生甲烷的古菌（微生物学上称为产甲烷菌），就以二氧化碳为助燃剂，以氢气或一些小分子的有机物为燃料，最后生成水和甲烷。

产甲烷菌还会利用乙酸进行无氧呼吸，分解之后的产物则是二氧化碳和另一种物质——你可能猜对了——甲烷。与此相似，植物和同属真核生物的人类一样，也能通过无氧呼吸获得能量。在这个过程中，糖类等养分不会与氧气结合，而是在细胞中直接分解成乙醇或乳酸（就是那种让你的肌肉在剧烈运动后产生酸痛感的物质）。

总之，从生命活动的基本化学反应来看，产甲烷菌是一类与真核生物极为不同的"另类"生物。用本书里的比喻来说，它们是一类非常独特的化工厂，拿手的特色产品就是甲烷——既能在人类社会中发光发热，又让人类担心得不得了的最简单的有机物。

对了，还有一个现象曾经让人感到意外。环境科学家发现，在农业生产中，稻田并不是最大的甲烷排放源，比它更大的排放源是畜牧业。

原来，牛羊等反刍动物的胃和水稻田的深层泥土一样，是缺氧的环境，里面也有产甲烷菌。牛羊吃下的草料在胃里先是被另一些微生物分解，产生氢气等物质，然后产甲烷菌便利用这些物质完成自己的生命活动，最终放出甲烷；甲烷穿过牛羊的肠道，最后夺肛门而出。说得通俗一点，牛羊放屁对全球气候变化也产生了非常重要的影响——这不是愚人节的低俗笑话，而是真真切切的科学事实。所以，如果你经常吃牛羊肉，那或许就要比经常吃米饭的人更愧对全人类了！

1.4　重新焕发活力的古汉字——烷类化合物和含卤素有机物

如果两个碳原子各伸出 1 只手握在一起，那么每个碳原子还剩 3 只手。换句话说，这相当于每个碳原子各用掉了 4 份"结合力"中的 1 份，还剩 3 份，最多还能与 3 个其他原子相连。在分子拼搭玩具中，这等于用一根小棍（化学术语为"单键"）把两个碳原子连起来，它们由此形成了一条最简单的碳链。假如两个碳原子剩下的手都和只有 1 只手

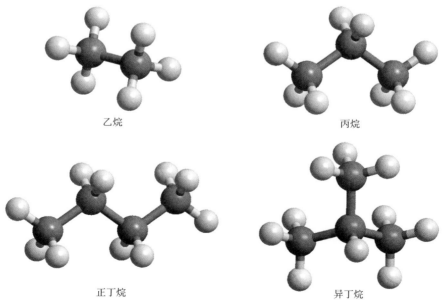

乙烷　　　　　　　　　　　　　　　丙烷

正丁烷　　　　　　　　　　　　　　异丁烷

图 1.7　乙烷、丙烷、正丁烷和异丁烷的分子结构模型

的氢原子握在一起，这样就形成了甲烷的"兄弟"化合物——乙烷。它含有 2 个碳原子和 6 个氢原子。

有机物种类繁多，如何给它们命名成了一大难题。在这方面，中文显示出了独特的美感。从清末到民国的中国化学家中很多受过良好的中文教育，他们对当时"由里阿"（urea，今名尿素）、"海哑司泻米尼"（hyoscyamine，今名莨菪碱）之类冗长而干巴巴的音译名称深恶痛绝，于是充分从汉语、汉字中挖掘资源，构建了简明巧妙的中文命名法。

比如在有机物名称中，经常可以见到"甲""乙"等天干字，它们表示的是碳原子数目的多少——"甲"代表 1，"乙"代表 2，"丙"代表 3，以此类推，一直到"癸"代表 10。从 11 开始，才改用汉字数字。所以，甲烷就是分子中含有 1 个碳原子的烷类，乙烷则是分子中含有 2 个碳原子的烷类……以此类推。

那么，"烷"又是什么呢？它通常是指这样一类有机物——碳原子彼此之间都只伸出一只手相握，剩下的手都和氢原子相握，所以分子中只有碳和氢两种元素。在这种情况下，每个碳原子都"完"全发挥了最多和 4 个原子相连的本领。这类化合物都和甲烷一样很容易燃烧，所以化学家就在汉字"完"字左边加"火"旁，造出"烷"来指代它们。

"烷"其实不是新字，而是一个古已有之的汉字，比如明代开国皇帝朱元璋（明太祖）的八世孙中就有一个叫朱厚烷的人。朱厚烷被册封为郑恭王，曾经因为劝阻世宗朱厚熜不要沉迷道教而被开除出皇族，贬为庶人，软禁在朱元璋的老家凤阳，直到穆宗继位后才恢复爵位。他的儿子朱载堉则放弃了王位，潜心学术，成为被联合国教科文组织授予"世界历史文化名人"称号的数学家、律学家。然而，除了在明代宗室那些带五行偏旁的古怪名字中用一用外，"烷"在汉语中基本上算是一个死字。幸好有了化学家的天才创造，它才重焕光彩，成为一个较为常用的汉字。这有点像本义为"光、明亮"的"囧"字，"囧"本来也近乎是死字，但在网民发现它长着一幅苦瓜脸后，却突然在网络上爆红，成了绝佳的表情符号，在一段时间内还有颇高的使用率。

如果是 3 个碳原子连在一起，剩下的空位由氢补足，这就是丙烷。不过，当 1 个碳原子和 4 个原子相连时，它伸出的 4 只手并不在同一个平面上形成"十"字形，而是竭力伸向一个立体的正四面体的顶点方向，所以任何两只手之间都存在夹角，无法构成一条直线。这导致丙烷分子中的 3 个碳原子也无法排成直线，而是形成一条折线。

当烷分子中的碳原子增加到 4 个时，则出现了不同的连接方式。如果仍然首尾相连，这是丁烷（通常叫正丁烷）；如果搭出一个支链，形成"Y"形的骨架，这是异丁烷（图 1.7）。丙烷和丁烷都是液化石油气的主要成分，因此成为日常生活中的常见燃料。

随着烷类分子中的碳原子数目继续增多，它们在常压下的熔点和沸点也逐渐升高，从气体变为液体，再从液体变为固体。在机动车使用的燃油中，小型汽车烧的汽油含有很多 5～11 个碳原子的烷类，大型汽车烧的柴油则含有不少 10～22 个碳原子的烷类。分子中含有更多碳原子的固体烷类则是石蜡的主要成分。

看上去，烷类对人类的生活很重要。然而，植物非常不喜欢这类化合物，原因却很简单——烷分子中除了碳就是氢，而且碳的化合力得到了"完"全的饱和，实在是太乏味了！这样的分子缺乏化学反应发生的合适位点，实在难以参与多姿多彩的生命活动。植物不仅不会吸收和利用烷类，也几乎不制造烷类。只有极个别的研究发现，植物的叶片在受到二氧化硫或亚硫酸盐的毒害时会释放出乙烷。（这倒是让人眼前不禁浮现出这样的场面：一株被化工厂偷排的二氧化硫熏得极为痛苦的植物在无声地呐喊"已完！已完"！）然而，具体的分子机制目前仍不得而知。

怎样才能使有机物分子活化，让它出现容易发生化学反应的合适位点？这有几种方法，其中一种是让碳原子连结一些活性远远强于氢原子的其他原子，比如氧、氮或硫。当然，在元素周期表里面还有一列统称为"卤素"的元素（包括氟、氯、溴和碘），它们的活性也很强，甚至比氧更强。就拿其中的氯来说吧，把氯气和甲烷混合，用光一照，它们就可以发生反应，首先是氯气分子中的一个氯原子取代了甲烷分子中的一个氢原子，形成氯甲烷。继续反应下去，还可以得到二氯甲烷、三氯甲烷（氯仿）和四氯化碳。它们都是有用的化工产品，可以作为合成其他物质的原料。这一切正是因为氯让烷分子活跃了起来，不再那么"内向"了。卤素在海水或内陆咸水蒸干后得到的又咸又苦的盐卤中大量存在，这是它们得名"卤素"的缘由。

四氯化碳还可以与比氯更活泼的卤素——氟——的化合物发生反应，生成二氯二氟甲烷。这个有点长的名称也许会让你感到十分陌生，但其实它就是一类商业上统称为"氟利昂"的制冷剂中曾经最常见的一种。在20世纪，氟利昂曾经广泛用在各种冰箱、冰柜和空调机里，因为它无毒、不燃烧，还没有异味，可以说非常安全。然而，又是环境科学家——就是那群希望你少吃米饭和羊肉、少喝牛奶的人——发现，氟

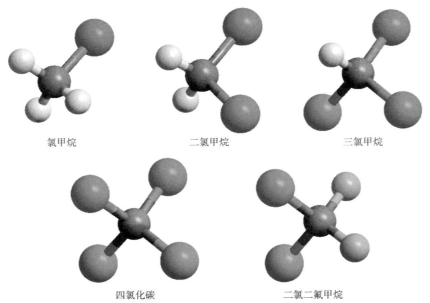

氯甲烷　　　　　　　　二氯甲烷　　　　　　　　三氯甲烷

四氯化碳　　　　　　　　二氯二氟甲烷

图 1.8 氯甲烷、二氯甲烷、三氯甲烷、四氯化碳和二氯二氟甲烷的分子结构模型
图中氯原子用绿色大圆球表示，氟原子用黄绿色小圆球表示。
在后面的球棍模型图中，如果没有特别说明，都以相似的方式来表示氯原子和氟原子。

利昂不仅是极为可怕的温室气体（其中的二氯二氟甲烷在 20 年内导致的温室效应居然是同质量的二氧化碳的 1.1 万倍！），而且还破坏臭氧层，让阳光里的强紫外线直达地面，对动植物和人类造成严重伤害。这一回，他们真的立了大功。国际上很快达成共识，必须限制氟利昂的使用，争取最终完全淘汰。

然而，虽然卤素在活化有机物分子时有这样大的能力，地球生命仍然普遍不喜欢含卤素的有机物——更准确的说法是又怕又恨。除了氟利昂等少数例外，很多含卤素的有机物对地球生命有毒性，其中有些物质（如二噁英）的毒性非常大。因为连细菌之类的微生物都厌恶含卤素的有机物，人类制造的这类物质（比如一些农药）在自然界中常常很难降解，在生物圈中一祸害就是几十年。这些含卤素的有机物因此成了环保运动经常批判的"环境不友好"物质。

当然，地球生命并非完全不合成含卤素的有机物。比如碘就是人体必需的元素，因为人体内有一种叫"甲状腺素"的激素，它的合成需要碘。再比如豌豆，它是一年生植物，结实之后就会死去。豌豆的种子在发育过程中会合成一种含氯的激素，叫"4-氯吲哚-3-乙酸"。曾经有植物生理学家推测，这种物质可能是种子向母株发去的信号："快来养大我，快把养分都给我，这样你去世了还有我来延续！"收到这种"死亡激素"之后，无私的母株还真就乖乖听话，使劲压榨自己，把养分源源不断输送给种子。于是在种子成熟之前，整个植株就呈现出衰老将亡的状态。这是非常戏剧性的场面，不过要提醒大家的是，它目前只是一种假说。当然不管怎样，最后的结局是豌豆种子成熟，而母株死了。

还有个别植物种类敢于铤而走险，合成一些剧毒的含卤素有机物，作为驱逐食草动物的防御武器，比如南非的南非毒鼠子（*Dichapetalum cymosum*）和澳大利亚的毒羊豆属（*Gastrolobium*）植物都会在叶片中积累对昆虫和牲畜剧毒的氟乙酸。有趣的是，澳大利亚本土的一些有袋类对于氟乙酸已经有了一定忍耐力，能够以毒羊豆为食，但外来的牛羊

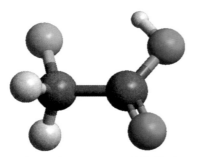

图 1.9 氟乙酸的分子结构模型
这个分子中出现了碳氧双键。关于双键，请见下一节的介绍。

等牲畜却完全没有这种能力，于是屡屡因误食毒羊豆而倒毙。

总的来说，含卤素的有机物既不是包括植物在内的广大地球生命化工厂普遍利用的原料，也不是它们生产的核心产品。除了氟乙酸在第8章讲植物毒素时还会提及外，我们对这类有机物的介绍就到此为止。

1.5　有机物拼搭玩具使用手册——如何组装碳链和碳环

把碳原子用单键一个个连在一起，排成或简单或分枝的碳链骨架，然后把剩下的空位都用氢补满，从而形成烷类化合物，这只是以碳原子为基础的这套有机物拼搭玩具的最简单玩法。

其实，碳原子完全可以连成一个闭合的环，然后把环形的骨架用氢补满，这样的化合物叫环烷。环形的骨架上还可以接上枝形的骨架，而枝形的骨架上可以再连环形的骨架……两个环形的骨架本身也能直接相邻，不仅可以共享一个碳原子，而且可以共享两个碳原子和它们之间的单键。只要环足够大，共享更多的碳原子自然不在话下。

而且，碳原子之间并非只有单键这一种连接方法。它们之间也可以用两根小棍连在一起（等于两个碳原子同时伸出两只手彼此握紧），这样就形成了双键。因为双键占用了每个碳原子4份"结合力"中的两份，它现在最多只能再和另外两个原子相连了。最简单的含碳碳双键的有机物是乙烯。它有两个碳原子和4个氢原子，这是"乙"字的由来。因为这类具有碳碳双键的有机物中的氢原子数总是比含有同样碳原子数的烷类"稀"少，所以化学家就把汉字"稀"左边的"禾"换成"火"，管它们的中文名叫"烯类"。

当然，双键并非只是两个单键简单地待在一起。双键中的两个单键

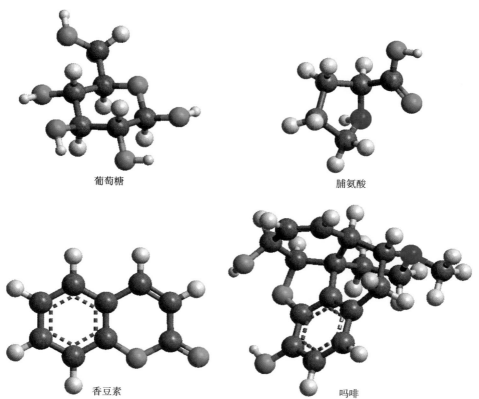

葡萄糖 脯氨酸

香豆素 吗啡

图 1.10 几种具有碳环（葡萄糖、脯氨酸、香豆素和吗啡）的分子结构模型

葡萄糖分子：一个杂环结构，环中有 5 个碳原子和一个氧原子（以红色圆球表示）。脯氨酸分子：一个杂环结构，环中有 4 个碳原子和一个氮原子（以蓝色圆球表示）。香豆素：由两个环并合而成，其中除了单键还有双键（虚线的意义见图 1.11 中对苯环的介绍）。吗啡：具有非常复杂的分子结构。其中，杂环是碳环中杂有其他元素的原子作为环节原子的环状分子。

这几种有机物在后面的章节中还会再提及。在下文的球棍模型图中，如果没有特别说明，都以蓝色圆球表示氮原子。

在化学性质上非常不同，其中一个颇有活性，很容易成为化学反应的目标位点。所以与烷类的遭遇不同，植物很喜欢烯类。事实上，乙烯就是植物体内的一种重要的激素，它有多方面的生理调节作用，我们最熟悉的功能就是它可以让果实成熟。

这其实是有几千年历史的生活实践了：如果想让青涩的苹果、梨、香蕉之类的水果尽快变软、变甜，把它们摘下来之后，可以和一个快要熟透的水果一起放在密闭的口袋里；几天之后，整袋水果就全熟了。这是颇有些神奇的过程，让人不免觉得快要熟透的水果仿佛有某种魔力。然而化学家已经揭示，这种"魔力"其实就是它释放出的微量乙烯。这种常温常压下无色的气体偷偷钻进未成熟水果的细胞里，仿佛给它们打了一针兴奋剂，让它们很快也熟了。不过，并非所有水果都能被乙烯催熟，草莓、葡萄、柑橘就不行。国外农学家因此把乙烯能催熟的水果叫"更年性水果"（climacteric fruit），把这些水果散发乙烯的最后发育阶段叫"更年期"（climacteric period）。更年期过后，它们就进入完全熟透、生理活动骤然衰减的"老年期"。在我国，可能是"更年期"这个词听上去太诡异了，植物学和林学将其改为不易让人胡思乱想的"跃变期"，并把能被乙烯催熟的水果称为"跃变性水果"。

知道乙烯能催熟跃变性水果的奥秘，对农业生产来说当然是极大的福音。尽管乙烯作为一种易燃气体不易运输，也不够安全，但化学家早就找到了解决之道。他们合成了乙烯利之类比较复杂的化合物，常温常压下能以固态或溶液形式保存。使用的时候，把乙烯利溶液喷在未成熟的果实上，或者用乙烯利溶液浸泡果实，乙烯利便会进入植物细胞，分解后释放出乙烯，促进果实成熟。有了乙烯利这样的人工合成植物激素，人们就可以提前大批采摘未成熟的水果，在运输到目的地之后统一催熟，有计划地上市，这才能让温带地区的居民吃上几千千米之外的热带地区出产的香蕉和杧果，也让热带地区的居民吃上来自几千千米之外的温带地区出产的苹果、梨和杏。

如今，有些人对催熟剂害怕得要命，宁可吃那些熟得快烂掉才摘下来的水果，真是大可不必。植物和动物虽然都属于真核生物，但很早就分道扬镳了。它们各自演化至今，在很多生理过程上已经有了明显差异。植物激素对动物来说通常毫无作用，反之亦然。实在没必要因为植物激素和动物激素共有"激素"两个字，就担心植物激素会对人的身体产生不良反应。虽然的确有植物会合成一些类似动物激素的物质，可能对人体有一定的不良作用，但这些物质本来是植物合成出来用于驱逐食草动物的防御武器，对植物本身反而起不到激素的作用，所以在农业生产上不会使用。

不仅如此，现在在商业上广泛使用的乙烯利之类的催熟剂，在其他方面已经证明是非常安全的，既没有致癌性，又没有致畸性，而且容易分解，并很方便从水果上除去。它们的唯一问题是多少会损害成熟水果的品质和口感，然而，比起古代那些一般人压根吃不上几种新鲜水果的日子来，能够方便地吃到琳琅满目、只是略有些乏味的新鲜水果，难道不是生活品质的巨大进步吗？

和碳环一样，一个有机物的骨架中不仅可以有一个双键，也可以有两个或多个双键，甚至可以有许多双键排成一排，相邻两个双键之间各间隔一个单键（在第 6 章我们会看到，这种结构正是很多植物色素的显色部位）。如果 6 个碳原子排成环状，碳原子之间的 3 个双键和 3 个单键交替排列，那么在现实中，因为一些特殊的化学原理，这 6 个键会变得彼此相同，从而让这个 6 原子碳环形成平面正六边形结构。这就是在有机物中经常出现的结构——苯环。

碳原子之间还可以形成三键，也就是在模型中把两个碳原子用 3 根小棍连在一起，或者说这两个碳原子同时伸出 3 只手彼此握紧，然后

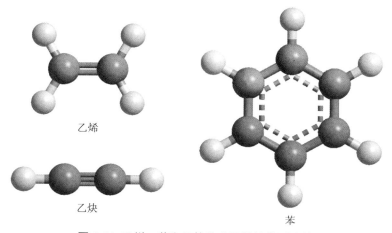

乙烯

乙炔

苯

图 1.11 乙烯、苯和乙炔的分子结构模型比较

在苯环中，原本应该交替排列的 3 个碳碳双键和 3 个碳碳单键变得彼此相同（在图中用环内的一圈虚线表示）。

只剩下最后一份"结合力"。最简单的含碳碳三键的有机物是乙炔，它有两个碳原子和两个氢原子。这类有机物比含有同样碳原子数的烯类更"缺"少氢原子，因为它们也容易燃烧，所以化学家就把汉字"缺"左边的"缶"换成"火"，管它们的中文名叫"炔类"。不过，和烷类一样，炔类也不太受生物待见，在生命活动中扮演的"戏份"不多。

碳原子不仅可以与碳原子形成双键，还可以与氧、氮、硫等原子形成双键，甚至能与氮原子形成三键。因此，氧、氮、硫可以与碳一起构成杂环，即掺杂碳以外元素的碳环骨架。这些杂环都是植物制造的有机物中常见的结构。

本章讲到这里，除了一个十分有趣的"手性"概念外，由碳元素一手建立起来的这套有机物拼搭玩具的使用方法，就基本介绍完了。后面的章节会详细讲述植物如何通过各种手段巧妙地拼搭出五花八门的有机分子，用于满足自己生存和繁殖的需要。当然，这套玩具在实际玩耍起来时情况要复杂得多，什么时候可以搭成有用的结构，哪些结构在理论上存在、实际上却搭不成，背后都有很深的化学原理，有些至今还是化学家们孜孜不倦进行探索的课题。不过，我们大可不用去管什么"氧化还原""亲核亲电""加成消去"等专业术语，只要熟悉有机物的基本拼搭规律，便足以理解日常生活中很多与植物化学有关的现象了。只是有一点还是要提醒读者：由于有机物拼搭玩具很少能搭出规整的三角形、正方形、菱形，更搭不出圆形，所以即使是用球棍模型表示的分子结构，乍一看似乎还是很复杂，并不特别直观。如果您在后文中碰到一时不易理解的描述，不妨停下来仔细想一下。

让我们先从含有氧原子的有机物开始。

第 2 章

拥抱"狼分子"

2.1　吃垃圾得生存——需氧生物的兴起

2017 年 6 月 14 日，英国的一场火灾震惊了世人。当天凌晨 1 时许，伦敦西部的一栋 27 层高的公寓突发大火，从二楼向上燃烧到楼顶。尽管消防机构及时赶到，无奈救火条件有限，天亮时整栋大楼被烧成废墟。很多人无法脱身，葬身火海。

其实在此之前，伦敦还发生过一场更可怕的大火——1666 年伦敦大火。那年 9 月 1 日晚上，伦敦老城区一条小巷里的一个面包师像往常一样，往烘面包的炉子里添了些煤，让火能过夜，然后关掉面包房门面，上楼睡觉去了。然而不知什么原因，炉火迸发了出来，引燃了木制的房屋。午夜过后，当面包师被仆人叫醒、发现屋里满是烟火时，他除了逃走已无计可施。

那年冬天，伦敦刚好经历了罕见的大旱。老城区里比比皆是的木头房子全都干燥无比，极易燃烧，再加上起火时正刮着大风，于是火借风势，接二连三、牵五挂四，最终成千上万的房屋陷入烈焰，几万人无家可归。有据可查的死者仅有 5 人（包括面包师的仆人），但后世的历史学者怀疑，可能有很多贫民也在火场中化为灰烬，只是没有被统计到。熊熊大火一直烧到 9 月 5 日才熄灭。

这些例子都体现了氧元素的威力——更准确地说，氧分子的威力。

图 2.1 铁可以在纯氧中燃烧

（图片引自"维基百科 Leiem"，CC BY-SA 4.0）

在非金属元素中，氧其实是仅次于氟的第二活泼的元素。它可以与元素周期表中绝大多数能稳定存在的元素化合。即使是有"惰性气体"之称的氪和氙，在氧的攻势面前也会败下阵来，失去高冷孤僻的"贵族"范儿，形成含氧化合物。作为氧单质之一的氧气分子，其极高的反应性正是氧元素活泼性的生动体现。伦敦的两场大火本质上都是以有机物为主的可燃物和氧分子的剧烈反应。这是一个完全失控的链式反应过程，氧分子就像一群恶狼，狠狠地把有机物分子扯碎；有机物的燃烧越充分，它们的分子也就越是粉身碎骨，每一个碳原子、每一个氢原子都被撕离，分散在最终产物——水和二氧化碳之中。

尽管大多数有机物要在一个较高的温度下才能在氧气中燃烧，但在常温下，仍然有一些有机物因为含有比较容易发生化学反应的位点，而和氧气发生缓慢的反应。油脂在空气中（特别在光照条件下）放久了会"哈喇"（食品学术语叫"酸败"），一个重要原因就是一些油脂分子中含有的碳碳双键（即烯类的特征结构）是比较活泼的反应位点。氧分子一次次攻击这类位点，最终把油脂分子打断成更小的片段，而这些更小的片段进一步反应，就生成了那些气味呛鼻、口感酸辣的怪味物质。

在地球大气中还不存在氧气的年代，地球上最早的生物中很多像今天的产甲烷菌一样，非常害怕氧气。到了大约 29 亿年前，地球上好不容易演化出了能利用氧气的生物，一开始只是用它们合成一些简单的养分而已。按照学术界比较流行的说法，对于最早的光合生物来说，氧气只是光合作用的一种废物，然而这些早期光合生物实在不负责任，不加任何处理就把这种"垃圾产物"往环境中排放。于是氧气就这样一点点在海洋和大气中积累，终于在 24.5 亿年前让地球发生了"大氧化事件"

（即大气中游离氧含量突然增加的事件），从此氧气开始成为地球大气的主要成分，而原先大气中的大量甲烷则不断被"氧化"，逐渐在大气中销声匿迹。

由于氧气这种"垃圾"充斥在身边，厌氧生物可倒了霉，环境变得越来越不宜居了。然而，那些不害怕氧气的生物却产生了"变废为宝"的主意，开始拥抱"狼分子"，利用氧气进行有氧呼吸，为生命活动提供能量。随后，具备这种能力的需氧生物在地球上欣欣向荣，植物和人类都是它们的后代。就这样，一种"垃圾产物"最后反而成了绝大部分生命必需的物质。

光合生物的发展使氧气的释放速度越来越快。随着海水逐渐充满氧气，海底和陆地表面的岩石也都"吸饱"氧气（更准确地说，是氧气通过与构成岩石的化学物质发生反应而固定到这些岩石中），之后氧气在地球大气中的含量就迅速攀升，在古生代石炭纪的时候，氧气占干燥大

图 2.2 澳大利亚西部海滨的叠层石

叠层石是由蓝细菌（最古老的光合生物之一）参与形成的沉积结构。（图片引自"维基百科 Paul Harrison"，CC BY-SA 3.0）

气的体积百分比已经高达惊人的约 31%。此后，虽然大气氧含量有所下降，但在今天仍然有 21% 之多。这种富氧的大气让需氧生物更兴旺发达，从而形成了非常典型的生物—地质协同演化关系（在第 4 章会看到，如果空气中没有这么多氧，高大的树木很可能演化不出来）。

受此启发，英国环保活动家、作家莱纳斯（M. Lynas）大胆猜测，尽管现在地球生命普遍厌恶含卤素的有机物，但也许只是它们中间还没有出现能处理这类"垃圾产物"的物种罢了。如果含卤素有机物不断在环境中积累，几千万、几亿年后，保不准出现新的生物会利用这些垃圾，把它们当成养分。到那时，含卤素有机物就再也不像今天这样成为可怕的环境污染物了。只不过，人类很可能延续不到那个时候。

当然，很多事情有利就有弊。尽管需氧生物学会了拥抱氧气这种"狼分子"，把它小心谨慎地送进生命化工厂的投料口，但"狼分子"本性难移，一有机会还是要搞破坏。为了对付这些破坏，需氧生物不得不再发展出一整套抗氧化的本领，但仍然免不了受到伤害。没办法，既然决定"与狼共舞"，选择了这条"玩火之路"，那就只能硬着头皮继续玩下去。演化，几乎没有退路可走！

2.2 有"酒味"的有机物——醇、醛和酸

在我们更详细地介绍需氧生物的有氧呼吸过程之前，有必要先了解在氧元素的"加盟"后，有机物多了哪些重要类型。

氧原子有两份"结合力"，可以伸出双手，各和一个原子相握，或者把两只手都和同一个原子相握。如果一个氧原子和两个氢原子结合，形成的化合物就是水。按照化合物命名的一般规则，水本应该叫"一氧化二氢"。

如果你在网络上搜索"一氧化二氢"，多半会看到一些耸人听闻的文字，比如说一氧化二氢的危害很多——它是酸雨主要成分，是腐蚀的成因，气态时可引起严重灼伤，固态形式长时间与皮肤接触会导致组织

损伤，在癌症（即恶性肿瘤）中也能找到它，然而管理机构和众多企业仍在大量使用，却几乎不透露其危险性……

当然，上述说法只是源自 20 世纪 90 年代美国的一场恶作剧。与其说它嘲讽了缺少化学知识的公众，不如说它生动地展示了名字的巨大威力。一件人们熟悉的东西，换一个陌生的名字，就可能产生完全不同的宣传效果。今天的很多商人恰恰就经常运用这种手段，把本来很普通的商品包装得非常高贵，让很多人受骗上当。举例来说，原产于北美洲的两色金鸡菊（*Coreopsis tinctoria*）入侵我国新疆之后，竟然摇身一变成了"天山雪菊"；它那些莫须有的"神奇功效"，实实在在赚走了不少人手中"白花花的银子"。

图 2.3 两色金鸡菊（寿海洋摄）

如果从水分子中拿掉 1 个氢原子，剩下的就是由另 1 个氢原子和 1 个氧原子组成的著名基团——羟基。所谓"基团"，可以简单理解成不完整、残缺的分子，需要和其他原子或基团拼在一起才能形成完整的分子。当然，在自然环境中和生物体内，也有一些暂时形不成完整的分子、仍然保持残缺状态的基团，这就是大名鼎鼎的"自由基"。为了追求完美，自由基会疯狂进攻一切可以进攻的分子，所以比氧分子还凶残。

羟基的"羟"字又是化学家的创造。它的左右偏旁分别来自汉字"氧"和"氢",读音则取了"氢"的声母及"氧"的韵母和声调,念作"qiǎng"。这种让文字学家皱眉头的造字法,却让化学家颇为得意。

羟基是生物很喜欢的一个基团,因为它具有较高的反应活性,既可以轻松地"挂"到有机物分子骨架上,又可以轻松地从骨架上"摘"掉,还很容易转化为其他活性基团。只要用羟基替换掉烷类、烯类分子中的氢原子,就构成了含氧有机物中的一大类——醇类。比如,把乙烷分子中的一个氢原子换成羟基,就形成了乙醇。它是很多酒类饮料中仅次于水的成分,在某些高度酒中则是最主要的成分。由于乙醇具有浓烈的酒味,所以俗称"酒精"。"醇"这个字在汉语中的本义,正是"酒味厚"。

植物可以制造各种各样的醇类,其中包括乙醇。只不过,乙醇主要是植物进行无氧呼吸时产生的废物。尽管植物也能再把乙醇转化为其他物质,但这主要是个防御性过程,目的是消除乙醇的危害,因此乙醇在植物的生命活动中并不占据主要地位。与此不同,人类所喝的酒中所含的乙醇,则干脆是由完全不同于植物的另一类生物——真菌制造的。完成这项工作的真菌是酵母菌,它和产甲烷菌一样是厌氧菌。酵母菌在没有氧气的情况下进行无氧呼吸,把糖类分解为乙醇,由此获取生命活动所需的能量。因此,乙醇对酵母菌来说更是完完全全的废物。事实上,一旦环境中乙醇浓度达到 15 度(即体积百分比达 15%),酵母菌一般就很难存活了。说句让人败兴的话,葡萄酒之类的果酒的主要成分之

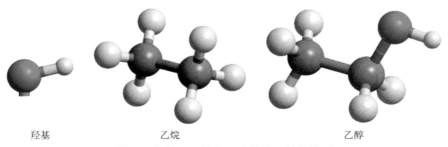

羟基　　　　　乙烷　　　　　乙醇

图 2.4 羟基、乙烷和乙醇的分子结构模型

羟基不仅作为一个整体容易从碳原子上脱落,构成它的氢原子也容易与氧原子分离。为了体现这种易分离性,图中羟基上的氢原子画得比直接连在碳原子上的氢原子小。

一，就是这种能把酵母菌自己都毒死的排泄物！

权威的营养机构和严肃的营养师会告诉你，酒对于健康来说实在不是什么好东西。2018 年，著名的英文医学杂志《柳叶刀》(Lancet)发表了一篇到当时为止数据规模最大的分析，结论是饮酒但不危害健康的安全剂量为零。如果你没有饮酒的习惯，那就千万别去养成这种习惯；如果你已经喝酒上瘾，那也必须注意酒精的摄入量，万不可贪杯。这是因为乙醇不仅本身对中枢神经系统有毒性，而且在人体内还会发生两步代谢反应，第一步生成乙醛，第二步由乙醛生成乙酸。乙醛的毒性比乙醇大，而且能致癌、致肝脏纤维化。

乙醛是另一类含氧有机物——醛类的代表。醛类分子中含有醛基，这是包含 1 个碳原子、1 个氧原子和 1 个氢原子的基团，其中氧原子和碳原子形成双键。尽管乙醛分子再代谢就生成无害的乙酸，但体内这步反应进行得很快的那些人仍然无法避免乙醛的毒害。

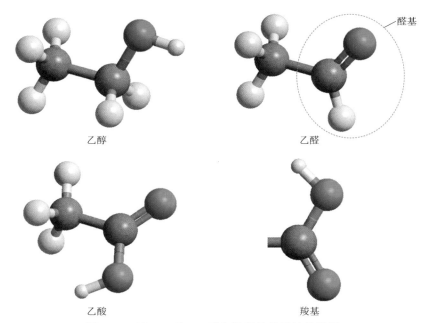

图 2.5 乙醇、乙醛、乙酸和羧基的分子结构模型

羧基中的氢原子容易与氧原子分离，在图中画得比直接连在碳原子上的氢原子小。下文中的其他结构模型图中若有相似的氢原子，也同样处理，如甲醇、甲醛和甲酸。

有一类叫醋酸菌的细菌也可以消化乙醇，把它先变成乙醛，再变成乙酸。酒敞开放在空气中很容易变质，产生怪味。这种怪味的主要成分之一就是乙醛，而"醛"这个汉字的本义就是"酒味变"。如果酒中的乙醇全变成乙酸，酒就成了醋。醋的酸味正是来自乙酸，所以乙酸俗称"醋酸"。

乙酸属于又一类含氧有机物——有机酸，它们的分子中都含有羧基（"羧"的读音为"suō"，由"氧"和"酸"两字各取一旁拼成）。羧基由 1 个碳原子、2 个氧原子和 1 个氢原子构成。在有机酸的水溶液中，羧基中的氢原子与其他原子的结合力较弱，容易摆脱束缚，独自逛来逛去。这种独立的氢原子（严格地说是氢离子，而且在水溶液中会和水分子绑在一起）可以激发我们的味蕾产生酸的感觉，所以很多有机酸尝上去有酸味。

当然，在酿醋的时候通常不会先酿酒，再酿醋，那样太麻烦。在醋坊中，酵母菌和醋酸菌其实在并肩作战：酵母菌先把糖类分解为乙醇，乙醇随即被醋酸菌转化为乙酸，这两个步骤衔接得很紧密。含有乙酸的液体经过上色等后续步骤，我们在超市中最常见的深色食醋就酿成了。

和乙醇、乙醛、乙酸这串"乙系列"的含氧有机物类似，甲醇、甲醛、甲酸构成一串"甲系列"的含氧有机物。"乙系列"中的乙醇可以让人发酒疯，"甲系列"中的甲醇更是少量就可以要人命。常常有不法分子用工业酒精勾兑成假酒售卖，结果造成惨重的伤亡，原因是工业酒精不纯，除了乙醇还有甲醇。不仅如此，甲醇在人体内的变化与乙醇类似，先代谢成甲醛，再代谢成甲酸。甲酸对视神经有极大毒性，所以喝假酒中毒的人即使侥幸不死，往往也会失明。

比起甲醇和甲酸，甲醛在我们的日常生活中接触更多，而它是毒性和致癌、致畸性都很明确的大毒物。然而，甲醛是一种非常重要的化工原料，用它和尿素合成的脲醛树脂是应用最广泛的木材胶黏剂。因为脲醛树脂中总会残留一些甲醛，所以新做的地板和家具往往会散发浓重的异味，不仅熏得人头昏脑涨，而且对健康有潜在的长期危害。

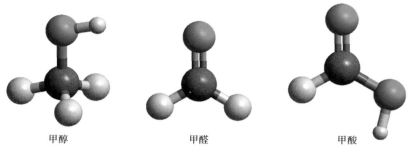

甲醇　　　　　　　　　　甲醛　　　　　　　　　　甲酸

图 2.6 甲醇、甲醛和甲酸的分子结构模型

很多人相信，在新装修的房子里摆上盆栽植物可以有效地除去甲醛。不幸的是，它们基本上起不到这种作用。植物若是懂得自己被当成"吸毒员"而摆在满是甲醛的环境中，恐怕会很绝望，因为甲醛对它们来说也是一种毒物。虽然的确有一些植物可以吸收少量甲醛，把它变成无害物质，但这就和植物处理乙醇的情况一样，只是一种防御反应罢了。即使在屋子里都种满这些植物，它们也吸收不了多少甲醛，更不用说只种一两盆了。另外，活性炭也不具备很强的甲醛吸附能力。说来说去，除掉室内甲醛最有效的办法，恰恰还是那个最简单的办法——保持通风。

上面介绍的都是比较简单的含氧有机物。有机物的分子丰富多彩，完全可以同时含有多个羟基或多个羧基，或者同时含有羟基和醛基或羧基。带"酉"字旁的有机物名称汉字，还有"酮""酰""醌""酶"等。接下来我们就会看到，正是一些分子结构略为复杂的有机酸参与了需氧生物生命活动的最基础反应——柠檬酸循环。

2.3　大牌期刊错失的伟大发现——柠檬酸循环

很多大量存在时会伤害人体的化学物质，其实在我们身体里都有，还不可缺少。

比如盐酸，它是氯化氢的水溶液，不仅腐蚀性很强，而且挥发出氯化氢气体，有让人吸入中毒身亡的危险。近年来，媒体上就屡屡有小化工厂私排废盐酸引发死亡事故的报道。然而，人类的胃液中恰恰就有盐酸。盐酸不仅可以杀灭胃中的一部分致病微生物，而且为消化蛋白质的胃蛋白酶提供了必要的强酸环境，因为胃蛋白酶只能在酸性条件下工作。

再比如磷酸，它算是中等强酸，有一定腐蚀性。如果你看可乐类饮料的配料清单，会发现里面有磷酸。因此，这类饮料都有较强的酸性，甚至可以用来给一些金属器具除锈。经常喝可乐的人牙齿很容易出问题，一方面是因为可乐中高含量的糖分可以滋生细菌，而细菌分泌的酸性物质会侵蚀牙齿；另一方面是因为磷酸本身就能腐蚀牙齿。然而，磷酸又是每个细胞都需要的物质，没有它，生命活动就要彻底停止了。

一些对人体危害不那么大的物质，往往不容易让人想到它们在生命活动中的重要性。有时候，这是因为它们的名字有一定误导性，柠檬酸（citric acid）就是这样。这是一种含 6 个碳原子的有机酸，因为在西方最早由 18 世纪的瑞典化学家舍勒（C. W. Scheele）从柠檬（*Citrus limon*）中提纯、结晶而得名。柠檬那种怡人的酸味主要来自柠檬酸。

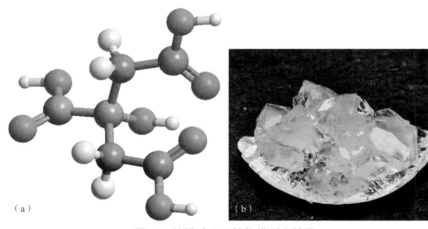

（a）　　　　　　　　　　　　　　　（b）

图 2.7 柠檬酸分子结构模型和结晶

（a）柠檬酸的分子结构模型：可见柠檬酸分子共有 3 个羧基，分别连在位于中央一列的 3 个碳原子上，而中间的碳原子上还连着一个羟基；（b）柠檬酸结晶（图片引自"维基百科 TipFox"，CC BY-SA 4.0）。

然而，柠檬酸绝对不是柠檬的专利。地球上的所有真核生物体内都有柠檬酸，柠檬酸和磷酸一样也是每个真核细胞都有，我们自然不例外。当然，这并不意味着从任何人的体内拿一块组织出来就可以榨出一杯可口的柠檬汁。柠檬酸在人类细胞中含量很少，但一旦缺乏，我们的生命活动也会终结。

为什么柠檬酸这么重要？因为它是需氧生物进行有氧呼吸必需的物质。前面已经说过，有氧呼吸的化学反应过程总的来说相当于糖类等有机物的燃烧。但是，这种燃烧是慢条斯理、秩序井然地进行的，具有高度可控性，显然它们背后有非常精细的具体反应机制。

这个具体的机制比较复杂，是在 20 世纪上半叶逐渐揭示的。现在看来，整个揭示过程就像一部扣人心弦的侦探小说，生物化学家们通过实验各自得到真相的一块块碎片，再把它们拼合成全貌。限于篇幅，本书无法向读者全面展示这段波澜壮阔的科学史，只能直接"剧透"这部小说最后的情节——英籍德裔生物化学家克雷布斯（H. A. Krebs）在1937年把他复原的呼吸作用中的关键化学反应步骤写成短篇通讯，投给大名鼎鼎的英国《自然》（Nature）杂志，结果竟然被拒稿了，理由是编辑部收到的通讯文章已经太多，要七八个星期才能刊登完。克雷布斯无奈，就改投荷兰的一家学术期刊。就这样，《自然》杂志错失了率先发表这个 20 世纪最重要的生物化学发现之一的机遇——正是这个发现让克雷布斯在 1953 年获得了诺贝尔生理学或医学奖。

克雷布斯发现，真核生物有氧呼吸的核心过程是一个循环。这个循环里有 8 种有机酸，柠檬酸是其中之一，因此克雷布斯称之为"柠檬酸循环"（后来有人称之为"三羧酸循环"或"克雷布斯循环"）。把整个循环过程背下来曾经让很多学生物的学生痛苦不堪，当然喜欢植物的学生也许会觉得好背一点，因为除了柠檬酸，至少还有 3 种有机酸是以植物命名的——顺乌头酸（cis-aconitate）来自剧毒的乌头属（Aconitum）植物；延胡索酸（fumarate）的英文名来自烟堇属（Fumaria）植物，中文名来自与烟堇有亲缘关系的延胡索；苹果酸（malate）来自苹果

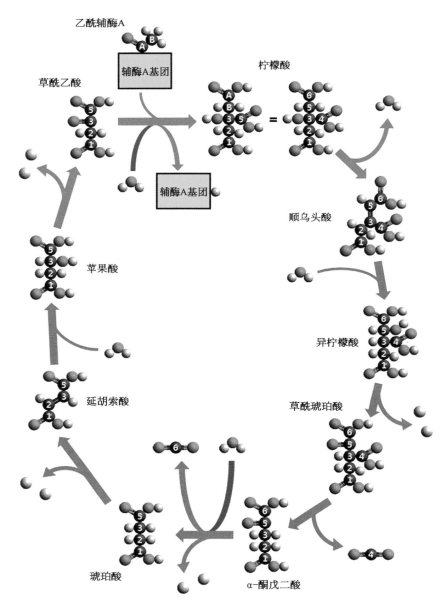

图 2.8 柠檬酸循环简图

为了表明碳原子的由来和去向，图中给柠檬酸循环中的各个有机酸分子中的碳原子都编了号（数字 1—6、字母 A 和 B；柠檬酸分子处的等号表示每次循环到柠檬酸时会重新编号）。不过，实际的柠檬酸循环要比图中情况复杂得多，需要多种酶的参与。从 α-酮戊二酸到琥珀酸实际上是两步反应，其间有一个较复杂的中间产物；从流水线上带走的氢并非原子形态，其中一部分生成了还原型辅酶Ⅰ和二氢泛醌，另一部分呈水合离子状态。另外，由于柠檬酸、琥珀酸等分子的对称性，发生化学反应的位点也可以位于其他编号的碳原子上。

（ *Malus × pumila* ）。

在生命化工厂里，柠檬酸循环是一条环形流水线。对真核生物来说，这条流水线专门设在细胞中叫 "线粒体" 的车间里，而前面提到的那些有机酸都是流水线上的半成品。然而，这条环形流水线与细胞中的其他流水线之间是紧密衔接的，因为有的流水线的最终产品就是柠檬酸循环里的半成品。与此同时，这些半成品一旦生产出来，也很容易被用到另一些流水线上，作为原料制造成其他的 "化工" 产品。

就有氧呼吸而言，假定使用的原料是葡萄糖，那么首先会有一道工序把它分解，用 1 分子葡萄糖制造出 2 分子的乙酰辅酶 A，并在这个过程中释放出 2 分子的二氧化碳。乙酰辅酶 A 的分子结构很复杂，但可以把它简化为辅酶 A 基团和乙酰基团（相当于乙醛丢了醛基里的氢原子）相连的产物。乙酰辅酶 A 是柠檬酸循环的原料之一，它与这个循环中的半成品草酰乙酸进行反应，把含 2 个碳原子的乙酰基团转接到草酰乙酸分子中的 4 个碳原子上，就造出了含 6 个碳原子的柠檬酸分子。

在柠檬酸循环中，除了各种有机酸，还有两个重要的中间产物：一个是还原型辅酶 I（全称是还原型烟酰胺腺嘌呤二核苷酸，英文缩写为 NADH），由氧化型辅酶 I 接受 1 个氢原子形成；另一个是二氢泛醌，为泛醌接受 2 个氢原子后的产物。辅酶 I 和泛醌都是专门装运氢原子（更准确地说，是专门装运由氢原子所携带的电子）的物质，它们从柠檬酸循环的环形流水线上带走氢原子，运到另一条流水线上。最终，氢原子与氧原子结合，生成水（有氧呼吸最终产物之一），同时释放出大量能量，供生命活动利用。与此同时，在柠檬酸循环过程中还会放出 2 分子的二氧化碳，各带走 1 个碳原子，结果让碳原子数从柠檬酸分子中的 6 个减为草酰乙酸分子中的 4 个。

如果你已经被这些描述搞得晕头转向，那么除了图示，请看下面的简要总结：在有氧呼吸过程中，葡萄糖分子并不是被氧气分子粗暴地撕开，直接变成水和二氧化碳（那样太不可控、太没品位了），而是被以柠檬酸循环为主的一系列化学反应过程一点一点地逐步割开；葡萄糖分子中的氢原子被带到别处释放能量，而碳原子则最终形成二氧化碳分子。整个过程都精打细算，每一个原子都有去处，每一步反应都和前后的反应紧密衔接。如果说伦敦大火那样的有机物燃烧像是陡然从高处摔落到地面，那么有氧呼吸就是把这个下落过程缓解为从容地下坡，每一段路都可以控制步速，每一个拐角都可以随意歇息。

正是这条环形流水线，构成了所有需氧生物生命活动的核心的核心。完全可以这么说：无论动物还是植物，无论真菌还是人类，全部生命活动都是从这个最基本的柠檬酸循环起步，在20多亿年的漫长地质史中一点一点添枝加叶，才逐渐演化成现在的庞大规模。

作为上述生物的共同祖先的古老原始需氧生物，为什么会选择柠檬酸循环作为生命活动最基本的化学反应？这自然是有原因的。生物化学家发现，柠檬酸循环是一条非常容易开动的流水线，也是运转起来非常有效的流水线，每道工序都是优化后的结果。这样高效的流水线当然会受到生命化工厂的青睐了。

更有趣的是，柠檬酸循环还是一条可以倒过来运行的流水线，不是一定要把有机物分解后的半成品进一步降解为二氧化碳和氢，而是可以反过来，能用二氧化碳和氢合成出那些半成品，再转到别的流水线上去合成其他有机物，于是让一个消耗养分的过程倒转变成制造养分的过程。曾经有个笑话是这么说的：一个留学生向父亲吹嘘国外的工业技术多么发达，有一种全自动化的香肠生产机，这头把猪推进去，那头香肠就出来了，但父亲反诘说，这还不算发达，如果出来的香肠不合口味，把机器反向运转还能再恢复成猪，那才叫发达。不过，这种在宏观世界难以实现的"香肠变成猪"的过程，在微观的分子世界却可以轻松办到。

如今，一些自力更生的光合细菌正是利用这条流水线进行反向运转，来为自己的生存制造有机物。生物学家怀疑，需氧生物的祖先其实就和这些光合细菌一样，最早利用的是这个用二氧化碳和氢合成有机物的反向过程，由此合成出的有机物主要用作构建生命体本身的材料；后来环境中有机物变得丰富了，新的需氧生物才改用正向的循环过程，把有机物作为燃料，从中提取能量，供生命活动消耗。对于生命化工厂来说，把一条现成的流水线稍微改造一下就可以用于另一项非常重要的生产任务中，实在太划算了！

2.4 为什么未成熟的水果是酸的？——植物化工厂的经济账

尽管柠檬酸对所有需氧生物都极为重要，但这种有机酸最初能从柠檬中被发现，却不是偶然的。

柠檬属于柑橘类水果，这一类水果还包括橘、柑、甜橙、酸橙、柚子、来檬（青柠）、葡萄柚（西柚）等种类，是当前世界上产量最大的水果类群。和很多果实多汁的植物一样，野生柑橘类植物也靠动物传播种子。当它们的果实成熟之后，甘美、营养丰富的果肉能引诱动物来吃，而狼吞虎咽的动物会把种子一并吞下去。由于有难以被动物消化的

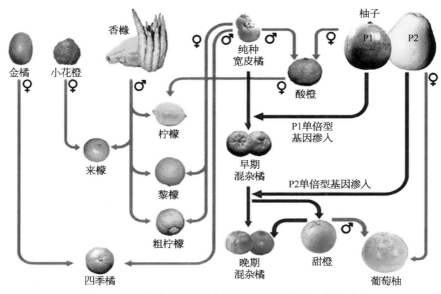

图 2.9 柑橘类水果的培育过程（果壳网供图，有修改）

种皮，种子可以完好无损地穿越动物的消化道，随粪便排泄出去。在这期间，动物早就移动到了别处，于是种子就被传播到了新的土地上，然后生根、发芽。

理论上，成熟水果中的糖分和其他能吸引动物的有机物，以及果肉细胞进行呼吸作用所需的养分，可以完全由果实自己通过光合作用制造。然而，果实自己完成这个过程实在太慢，而植物进行光合作用的主要部位是叶片。为了适应光合作用的功能，叶片通常变得非常扁，这样可以让它的表面积尽可能扩大，让叶肉细胞能获得尽可能多的阳光。然而，果实与叶片不同，为了方便动物的吞咽，必须发育成球形或类似的形态，这势必会让很多细胞深居内部，得不到阳光的照射。可以想象，果实表面的那些细胞再拼死拼活地进行光合作用，也不足以制造出足够多的有机物，难以既满足内部细胞生存的需求，又让它们都变得美味。所以，植物不得不在果实成熟前先把一些有机物半成品贮存在果肉中，其中一部分用于呼吸消耗，另一部分在果实成熟时用来合成糖分和其他必要的有机物。

不仅如此，在果实发育的过程中，植物还有其他事情要"操心"。比如，果实的增大在很大程度上是细胞体积增大的结果。为了让增大的细胞始终保持饱满状态，而不是干瘪下来，细胞必须在内部一个叫"液泡"的结构（可以理解为植物细胞的仓库）里储藏一定量的可溶性物质。这些可溶性物质形成浓度较高的溶液，可以让水分从液泡外面渗入液泡，从而迫使水分从细胞外渗入细胞内。有了大量水分造成的压力（即膨压），细胞就可以变得"膀大腰圆"，让整个果实显得饱满动人。

假如有一些"万能物质"，既可以作为果肉细胞储备的半成品，用作呼吸和其他化学反应的原料，又可以作为液泡中的可溶性物质，让果肉细胞保持足够的膨压，还可以满足果实在发育过程中的其他需求，那么，把它贮存在未成熟的果实中显然是最划算不过了。这样的"万能物质"还真有，就是作为植物生命活动核心的核心的柠檬酸循环里面的那些有机酸。选择它们还有一大好处，就是取材方便，很容易从这条最基

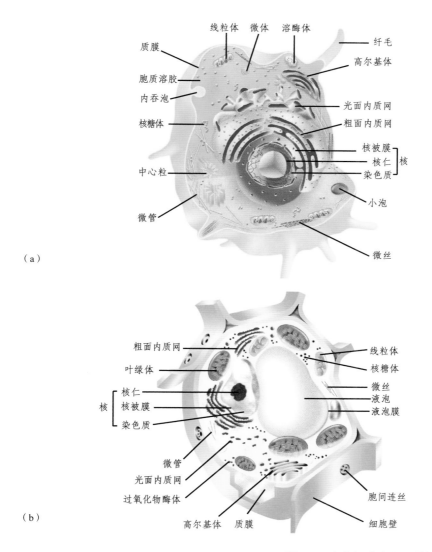

（a）

（b）

图 2.10 生物细胞的主要结构

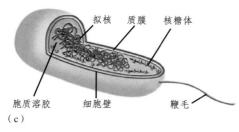

（c）

（a）动物细胞；（b）植物细胞；（c）细菌细胞。动物细胞是真核细胞，最外层是质膜，里面有细胞核和许多细胞器。植物细胞也是真核细胞，与动物细胞不同的是，植物细胞有细胞壁、叶绿体；还有液泡，内含很多酶，相当于动物细胞中溶酶体中的酶。细菌细胞是原核细胞，结构简单，有鞭毛、细胞壁和质膜，主要细胞器是核糖体。有些细菌有荚膜，能抵御不良环境。（图片引自《彩图科技百科全书．第三卷，生命》，2005）

本的流水线（以及和它紧密相关的一些小流水线）上获取。还是那句老话——能用已有的设备解决新问题是最好的。

柑橘类水果就选择了柠檬酸作为半成品储备。在果实未成熟的时候，这类植物先把糖分从植株其他部位运到果肉细胞中，再通过柠檬酸循环这条环形流水线把它们加工成柠檬酸，然后送到液泡里集中储藏起来。到果实要成熟的时候，这些柠檬酸又被从液泡中提取出来，既可通过柠檬酸循环提供能量，又可通过与柠檬酸循环"无缝"对接的其他流水线制造糖分和其他有机物。不过，野生的柑橘类植物未成熟果实中的柠檬酸含量并不太高，因为它们只要确保储量刚好够自己用就可以了，没必要再储藏更多。人类必须通过复杂的杂交育种过程进行定向选育，才能获得柠檬酸含量极高、即使熟透仍能把大牙酸掉的柠檬。

除了柑橘类水果，菠萝、草莓、番石榴等水果也以柠檬酸作为未成熟果实中的主要半成品储备。与它们不同，苹果、李、樱桃、葡萄等水果则选择苹果酸作为主要半成品储备，苹果酸就因最先在苹果中发现得名。不过，虽然苹果酸也是柠檬酸循环中的一种有机酸，但这些水果中积累的苹果酸更多是通过与这条环形流水线紧密相关的另一条流水线制造的。到果实要成熟的时候，这些苹果酸一样被从果肉细胞的液泡中提取出来，或者用于呼吸，或者运到其他流水线上去制造吸引动物的那些有机物。总之，正是柠檬酸和苹果酸在未成熟水果中的大量积累，让它们的味道变得非常酸。

也许你曾经听过这样的说法：未成熟的水果之所以酸，是因为酸味是食果动物不喜欢的味道，这可以让它们免于在种子成熟之前就遭到动物破坏，不让植物的努力白费。这就像《伊索寓言》中那只怎么跳也够不着架上的葡萄的狐狸，最后只能用"葡萄是酸的"来自我安慰。不过，考虑到柠檬酸、苹果酸等有机酸在果实发育过程中那些更重要的作用，也许真正的因果要反过来——不是因为食果动物讨厌酸味，未成熟的水果才是酸的，而是因为未成熟的水果是酸的，所以食果动物才通过长期演化，学会讨厌酸味，这样才能最终吃到可口的成熟果实。

图 2.11 成熟程度不同
的黑莓果实

（来自维基百科 Ragesoss，
CC BY-SA 3.0）

当然，未成熟的水果不仅有酸味，还有涩味。涩味倒是的的确确起
到了驱逐的作用，让食果动物尝而却步，还可以抑制病菌生长。胡桃、
榛子之类的干果，未成熟时果皮（或类似果皮的保护性结构）也非常
涩，功能是一样的。这种涩味来源于一类叫鞣质的物质，它们也是植物
体内现成流水线上的产品。即使不在结果期，植物也会大量合成鞣质，
所以直接把鞣质搬进果实里是非常经济的做法。（在第 7 章第 4 节，我
们会对鞣质做详细介绍。）

等到果实成熟时，有机酸和鞣质含量都少了，糖分却多了，果肉
变软了，植物才开始拼命向食果动物展示"友好"的信号。最容易被
动物接收的信号一是颜色，二是气味。水果在未成熟时普遍呈绿色，
而在成熟后就变为黄、红、紫等鲜艳的颜色，并散发出特殊气味（也
就是让食果动物觉得"芳香"的那些气味），这就是植物的无声示意：
"我的果实已经熟了，多显眼啊，多好闻啊！赶快来吃我吧！"经过与
植物的长期协同演化，食果动物不仅本能地知道果实的绿色代表不好
吃，而且懂得鲜艳的颜色和芳香的气味意味着美味大餐就在眼前。有
了这样的默契，食果动物获得了食物，植物也完成了种子的传播，双
方皆大欢喜。

那些让果实变色和发出芳香的物质，自然也是植物合成的重要化工
产品。不过，我们先把它们放一放，继续来说柠檬。

2.5 坏血病：代代吃素的后遗症——维生素 C 的功能

柠檬不仅是柠檬酸得名的由来，还曾经拯救了很多欧洲海员的生命。

占地球表面积约 71% 的海洋从远古时代起就一直为人类提供着交通便利。然而，变幻莫测的海洋环境极为险恶，在风帆时代远洋航行往往意味着拿出半条命赌博。先不说海盗这种纯粹的人祸，光是各种各样的自然灾害和不利于航行的地形地貌就经常造成船毁人亡，因此让西方人创造了大漩涡、食人海怪、美人鱼等种种海中神异之物，直到今天还是很多古代航海题材的文艺作品中经常使用的"老梗"。

在海盗和自然灾害之外，坏血病也是一种无声无息夺走海员性命的恶魔。一开始，水手们只是身体虚弱，易于疲劳。随后，牙龈流血不止，皮肤下会出现淤血。病情继续发展，患者的情况会发生很大改变，全身出血越来越多，浑身散发恶臭，最后不是死于缺血，就是死于感染。尽管在陆地上饮食极为恶劣的条件下生存的人（比如囚犯、矿工和前线士兵）也会罹患坏血病，但毫无疑问，遭到这种"绝症"缠身最多的人群是海员。

然而，坏血病又是一种很容易治愈的疾病。西方人自己就一次又一次记录到，患者只要食用新鲜果蔬，或是服用各种各样的植物制剂（哪怕只是松针煮的水），病情就会大为好转。可惜的是，一直到 18 世纪中后期，囿于当时流行的医学理论，西方医学界主流宁可相信坏血病是消化疾病，也拒绝承认柠檬之类的水果有治疗作用。数以万计的海员生命本来可以得到挽救，却这样白白葬送了。

幸运的是，在 18 世纪末，深受坏血病减员之害的英国海军将领亲眼见识了柠檬汁对预防和治疗坏血病的确有立竿见影之效。他们对那些纸上谈兵的医学理论嗤之以鼻，坚持要求柠檬汁必须作为海军饮食的标配。自此之后，英国海军就基本解决了坏血病的危害。后来，英国海军用更容易获取的来檬替代柠檬，以致英国水兵得了个"来檬佬"的绰号。然而，这一经验并没有在英国海军之外迅速普及，因此在整个 19 世纪，全世界还有很多海员继续遭受坏血病的折磨。

直到 20 世纪初，医学界终于意识到，原来有一类疾病是因为体内缺乏某种必要的微量养分造成的。这时候，人们才普遍承认坏血病其实是一种营养缺乏病。在 20 世纪 30 年代初，这种人体必需的微量养分终于被确认是一种酸性的有机物，它也因此有了两个新名字：一个是抗坏血酸，另一个是大名鼎鼎的维生素 C。

维生素 C 虽然有酸性，但从分子结构来说，它并不是那类最典型的有机酸，因为它不含羧基。它在人体内有多方面的功能，其中最重要的功能是促进胶原蛋白的合成。如果人体缺乏维生素 C，胶原蛋白的合成就会受阻。胶原蛋白在很多人体组织中都有分布，当血管壁缺乏胶原蛋白时就变得很脆，所以出血成为坏血病的主要症状。

很多动物可以自己合成维生素 C，然而人类却不行，人类的近亲——类人猿和猴类也不行。这种情形让人看起来很郁闷，但原因说穿了很简单：在哺乳类中，人类、类人猿和猴类组成的演化分支很早就以水果或其他植物性食物为主食了，这些食物中富含维生素 C，完全可以满足摄食者的每日需求，这样自己合成维生素 C 的本领就变得可有可无；如果有个体发生遗传突变，失去了合成维生素 C 的能力，它照样可以活蹦乱跳地生存下来，不会被生存竞争所淘汰，而我们刚好就是有这种"缺陷"的祖先的后代。从某种意义上说，正是人类祖先长期偏素食的生涯，让我们患上了过于依赖植物性食物的"后遗症"，而坏血病——现在它在医学上的大名是"维生素 C 缺乏症"——正是这种"后遗症"的主要表现之一。

那么，植物为什么要合成维生素 C 呢？与水果成熟时变甜、变香不同，这一回的答案并不是"为了给人和其他动物吃"。原来，维生素 C 是植物体内重要的抗氧化剂，一旦有氧气（特别是光合作用产生的氧气）在植物体内转化成为有强烈反应活性的自由基，它就可以上场，与

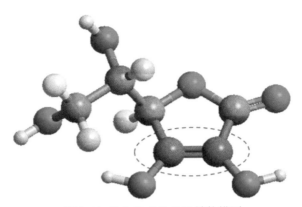

图 2.12 维生素 C 的分子结构模型

在维生素 C 的分子结构中，有一个重要的化学反应位点——碳碳双键（图中用虚线框起）。

自由基同归于尽。维生素 C 分子中有一个碳碳双键，它是化学反应的重要位点。正是这个双键可以积极地与自由基反应，把它们都消灭掉，从而保证了这些"狼分子后代"——自由基不侵扰或破坏植物组织、不干扰正常生理活动。不仅如此，维生素 C 作为一种清除自由基的耗材，还具有一定的可回收性——植物通过一条专门的流水线，可以让维生素 C 被氧化的一部分产物重新变成维生素 C，于是耗材又有了。

现在你知道了，维生素 C 正是植物在小心翼翼地拥抱"狼分子"——氧气分子的时候，为了避免引火焚身而发展出的自保工具。除了维生素 C，植物体内还有其他用于抗氧化的物质，下文会继续介绍，这里先按下不表。

当然，维生素 C 在植物体内并非只有抗氧化这一种功能。在长期演化过程中，这种结构独特的分子还被其他多种生命活动征用——比如葡萄就用它来制造酒石酸。上面已经提到，葡萄的果实在发育过程中会在细胞液泡中积累苹果酸。除此之外，葡萄还会在细胞液泡中积累酒石酸。奇怪的是，与苹果酸在葡萄快成熟时会被重新提取出来用于其他化学反应不同，酒石酸在葡萄中是一种"惰性"物质，既不参与柠檬酸循环，又不能作为其他流水线的原料，就这样一直在液泡中积累着，到果实成熟时仍然存在，成为成熟葡萄酸味的主要来源。在

用葡萄汁酿酒的过程中，酒石酸以
钾盐的形式结晶出来，沾在酒桶壁
上，这就是酒石。甚至那些已经装
瓶的葡萄酒，温度一低也会析出酒
石，挂在瓶塞下面。

葡萄为什么要专用一条流水线
用维生素 C 大量合成酒石酸？尽管
我们相信，善于精打细算的植物化
工厂不会平白无故做这样一件看似

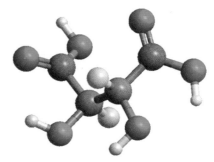

图 2.13 右旋酒石酸的分子结构
右旋酒石酸是葡萄中天然存在的酒石酸。
关于"右旋"的意义，请见第 3 章第 1 节。

"多余"的事情，而且科学界也的确提出了一些假说，试图解释酒石酸
的生理功能，但直到现在，这还是一个没有完全解开的谜。

不过，因为酒石酸的含量直接决定了葡萄酒的品质，所以葡萄酒
产业一直很关注这方面的研究。至少在 19 世纪，来自法国这个葡萄酒
酿造大国的一个年轻的学者，就通过研究酒石酸奠定了他最早的学术声
誉。他就是"微生物学之父"——巴斯德。

第 3 章

养活世界的细胞内流水线

3.1 左还是右？——分子的手性

在科学上，"某某学之父"是至高无上的头衔（尊称），但它对于全面发展的学术伟人来说，恐怕还是有所贬低。

古希腊哲学家泰奥弗拉斯托斯（Theophrastus）在今天常被称为"植物学之父"，因为在存世的西方文献中，正是他的著作《植物志》（*Historia Plantarum*）第一次系统探究了植物方方面面的知识。然而，作为亚里士多德的学生和继承人，泰奥弗拉斯托斯多才多艺，写过各种各样的著作，包括很多精深的哲学著作，可惜大多没有流传下来。

瑞典植物学家林奈（C. von Linné）在今天常被称为"现代植物分类学之父"，因为正是他的工作奠定了现代植物分类系统和命名法的基础，并一直沿用至今。然而，林奈在年轻时还提出了动物和矿物的分类系统——他其实是个全面的博物学家。

同样，法国科学家巴斯德（L. Pasteur）一生中最重要的工作是发现微生物在发酵和传染病致病中的关键作用，建立了微生物学这门新学科，因此被称为"微生物学之父"。如果这个头衔让你觉得带有浓重的学术味道，我们完全可以按照某些人的传统观念，另外给巴斯德起一个"救命菩萨"的称号。他发明的狂犬病疫苗，把无数人从死亡的阴影下拯救了出来——要知道，狂犬病是一旦患上死亡率就接近 100% 的烈性传染病！然而，在巴斯德学术生涯的起始，他本来是一个不折不扣的化学家，研究的是酒石酸的"旋光性"。

伟大的物理学家爱因斯坦（A. Einstein）告诉我们，光具有波粒二象性，既是像质子和电子那样的粒子，又是像水波那样的波。光波的振动方向也和水波一样，总是与前进方向垂直。自然环境中的光是各种振动方向的光波的大杂烩，但如果让自然光穿透某些特殊的晶体材料，就只有

图 3.1 巴斯德像（公版图片）

特定振动方向的光波能通过，这样就得到偏振光。

在日常生活中，我们经常会接触到偏振光。比如比较高级的太阳镜会用偏振镜片制作，可以均匀地滤掉阳光中各种色光的一部分，所以既能保护眼睛，看到的景色又不会失真。影院里的 3D 眼镜大多也利用偏振技术，让略有差异的偏振光图像分别进入左右眼，经过大脑加工，我们就看到了立体图像。

如果把酒石酸溶解在水中，然后让偏振光穿过灌满酒石酸溶液的长管，那么射出的光波振动方向有时会与射入的光波振动方向不同，较后者旋转一个角度，这就是旋光现象。有趣的是，有两种酒石酸，虽然具有相似的旋光能力，但旋光的方向正好相反。如果正对着光射来的方向，其中一种酒石酸可以让偏振光逆时针旋转，这是左旋酒石酸；另一种则让偏振光顺时针旋转，那是右旋酒石酸。

巴斯德发现，这两种酒石酸在晶体形态上也不同，彼此正好互为镜像。如果细心地从一堆盐粒一般的酒石酸晶体中拣出同样数目的左旋酒石酸晶体和右旋酒石酸晶体（这真是一项非常考验耐性的工作），把它们混合后溶解，得到的水溶液就不再有明显的旋光性，说明两种酒石酸的旋光能力可以相互抵消。巴斯德由此做出了深刻的预言：酒石酸的旋

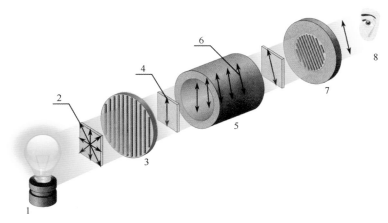

图 3.2 旋光性的检验（图片引自 "维基百科 Kaidor"，CC BY-SA 3.0）

类似自然光源的某些人工光源（编号 1）产生的光波会在垂直于光前进方向的所有方向上振动（编号 2）；经过偏振镜片（编号 3）过滤后，得到只在一个方向上振动的偏振光（编号 4）；偏振光穿过旋光性物质的溶液（编号 5），振动方向逐渐发生旋转（编号 6）；利用另一个偏振镜镜片（编号 7）可检测旋光程度——只有当它旋转到合适位置时，肉眼（编号 8）才能看到偏振光。

光性一定与它们的分子结构有关；两种酒石酸的分子形态一定是互为镜像，才能既让宏观的晶体形态互为镜像，又让旋光方向也互为镜像。

后来的研究表明，巴斯德的预言完全正确。现在我们知道，当碳原子伸出 4 只手与 4 个不同的原子或基团连接时，会有两种不同的连接方法。这两种连接乍一看好像一样，实际上却互为镜像，怎么也无法重合。这就像人的左右手，形状乍一看好像也一样，却互为镜像，无论你怎么旋转手腕、屈伸手指，都没法让它们形成真正一模一样的形状。有机化学家就拿人手的这个特性来类比，称这样连接了 4 个不同原子或基团的碳原子为"手性碳"。

多数情况下，如果一个有机物分子含有手性碳，那么碳的"手性"会让这个分子本身也具备手性，出现互为镜像的两种结构。这就好比用左右手分别紧攥同一个球，那么"左手＋球"和"右手＋球"的形象仍然继承了单独的左右手的形象，彼此互为镜像。左旋酒石酸和右旋酒石酸就是这样的情形。

更复杂的是，既然每个手性碳可以创造出一对互为镜像的结构，如

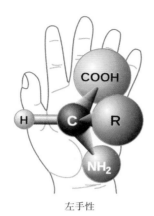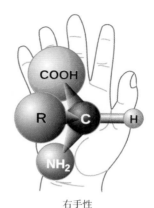

左手性   右手性

图 3.3 氨基酸分子的手性（美国国家航空航天局公版图片）

图中 H 是氢原子，COOH 是羧基，NH$_2$ 是氨基，"R" 是每种氨基酸各自特有的基团。当 R 不是氢原子时，因为这 4 个原子或基团彼此不同，又连接在同一个碳原子上，就使氨基酸分子产生了手性。天然的氨基酸分子在这个碳原子上几乎都为"左手性"，也就是结构符合图中左手所握的那个模型。有关氨基酸分子结构的更详细介绍见第 5 章。

果一种有机物分子含有两个手性碳，那么它最多可以创造出 4（即 2^2）种分子构型。据此类推，3 个手性碳最多可以让分子产生 8（即 2^3）种分子构型，4 个手性碳最多会创造出 16（即 2^4）种分子构型……

不仅如此，地球生命对立体异构体还有偏爱——这样能确保分子在适合的特定位点进行化学反应。还拿前一章提到的苹果酸来说，其分子中有一个手性碳，由此苹果酸也有两种互为镜像的分子——左旋苹果酸和右旋苹果酸。其中，具有生物活性的是左旋苹果酸，而右旋苹果酸虽然尝在嘴里也有酸味，但它压根就进不了柠檬酸循环的流水线，没法被生物利用。正是因为担心右旋苹果酸的潜在副作用，美国食品药品监督管理局（FDA）规定，右旋苹果酸绝不能作为婴儿食品的食品添加剂。

相比能精准地专门制造某种特定手性产品的生命化工厂，人类化工厂不免显得简单粗暴，很多合成路线只能制造出左旋分子和右旋分子的等量混合物。假如要人工制造某种有生物活性的有机物，往往意味着会有一半产物是完全没有价值的废品；甚至还有更可怕的情况，就是手性正确的那一半产物具备所需要的性能，而手性相反的另一半

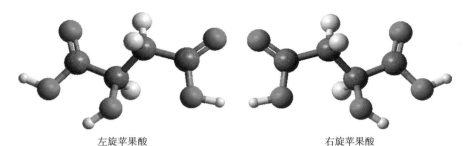

左旋苹果酸   右旋苹果酸

图 3.4 左旋苹果酸和右旋苹果酸的分子结构模型

产物却有严重毒性。如今，人类在苦苦探索能精准生产单一手性产品的方法，而且 2001 年的诺贝尔化学奖就颁给了 3 位在手性分子合成上做出了重要贡献的化学家。然而，比起生命化工厂来，人类的模仿仍然显得笨手笨脚。

其实，生命不光在微观上偏好某一种手性的分子，也在宏观上常常偏好某一个方向。比如人类的许多内脏器官左右就不呈对称分布，胃偏左侧，而肝偏右侧；人类大脑左右也不对称，并在思维活动上各有擅长。缠绕性的藤本植物大多有偏爱的缠绕方向，其中多数种类呈现右旋缠绕，但也有不少种类呈现左旋缠绕。

为什么生命会偏好某一个方向？这是个很深刻的问题。一点也不夸张地说，这甚至牵扯到了宇宙的起源。当然，除了人类，地球上的其他生命才不会去想这么复杂的事情。在它们看来，偏左还是偏右是祖先已经决定好的，反正当所有化工流水线都针对某种手性而特别建立时，就没必要再多此一举，把它强行改成另一种手性。

3.2 稳定压倒一切——葡萄糖为何成为最常见的单糖

植物光合作用的产物，说简单点就是糖类。当然，这里的"糖类"已经是经过化学家扩充和重新定义后的概念，不只包括最常见的那几种有甜味的糖类，也包括很多分子结构类似但不一定有甜味的有机物。

最简单的糖类是单糖。单糖有很多种，其分子的主要骨架形式通常是一种独特的"杂环"结构。这种环形的骨架中总是掺杂有一个氧原子，其他碳原子上则大多各连有一个羟基。我们已经知道，羟基也含有氧原子；单糖分子中有如此多的氧原子，使得氢与氧原子数之比常常可以达到 2∶1，正好与水分子中氢与氧原子数的比例相同。

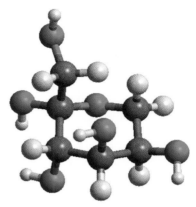

图 3.5 果糖的分子结构模型

果糖是一种常见的单糖。它有多种分子结构，彼此可以相互转变，图中只是其中的一种结构。不管哪种结构，果糖分子里都有 6 个碳原子、12 个氢原子和 6 个氧原子，因此氢与氧原子数之比始终为 2∶1。

环形的单糖分子彼此"手拉手"，就形成复杂的糖类。如果是两个单糖分子相连，就形成二糖；如果是三个单糖分子相连，就形成三糖……成百上千的单糖分子相连，就形成多糖。在这些复杂的糖类分子中，氢与氧原子数之比往往还是 2∶1，因此，糖类在过去的别称是"碳水化合物"，意思是仅从分子中的原子数目来看，糖类仿佛是碳和水的化合物。

不过，"碳水化合物"是很有误导性的别称，因为氢和氧的原子在糖类分子中并非以水的形态存在，它们只有在极端外力作用下从碳原子上脱落，才会以水的形式逃掉，只留下碳原子。也许你对如下中学化学课上的"白糖变黑"实验还有印象：在烧杯中加一些蔗糖（这是最常见的二糖），然后倒入少量浓硫酸，用搅棒搅着搅着，就会冒出白雾，随后一根大而疏松的黑色炭柱从烧杯中陡然冒起，与之前白色的蔗糖形成鲜明对比。在这个化学反应中，浓硫酸用了"蛮力"才强迫蔗糖分子中的氢和氧化合成水（那些白雾就是水蒸气），剩下的碳则形成类似木炭的疏松物质。所以在我国，至少化学界和医学界都建议尽量别再使用"碳水化合物"一词。

既然单糖是构成二糖、三糖以至多糖的基本单元，而植物光合作用的直接产物常常就是单糖，这就需要把单糖作为原料运到其他流水线上生产其他产物，其中最主要的产物是多糖。现在，问题来了：在多种多样的单糖产物中，需要挑一种最适合的单糖作为运输的原料，应该挑哪一种呢？

对于"选择困难症"患者来说，这种挑选就像是在电子商务网站的成千上万种上衣中挑出一个最称心的款式，总觉得这个好，那个也不错，迟迟选不出来，简直可以把人逼疯。然而，地球生命并没有这种毛病，在它们还很原始的时候，就从五花八门的单糖里看中了葡萄糖。按照一种很有意思的假说，它们选择的标准非常简单：稳定，必须要稳定！

回想一下第 1 章第 1 节中说过的碳化合物的优点——在中温低压环境中，活性既不太高，又不太低，所以它们才能作为生命活动的基础，成为"有机物"。在挑选光合作用的单糖产物时，生命更看重活性不太高的一面，因为很多单糖要用来合成多糖，而这些多糖不管具体用途如何，通常要求能长期不变质。这样一来，单糖分子本身也必须比较稳定，否则，一旦多糖分子中的某个单糖组分变质，整个多糖分子都会毁坏。

那么，什么样的单糖分子最稳定呢？首先，既然很多单糖分子的主要骨架形式为环形，那么这个环就必须不那么容易被破坏。只含有 3 个或 4 个原子的环是不行的，因为相邻两条边的夹角太小了。正常情况下，碳原子形成的四个单键中，每两个单键的夹角都接近 109°28′，但在只有 3 个原子的环中，这个碳原子间的夹角被迫减少到 60° 左右，这

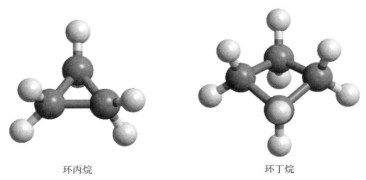

环丙烷   环丁烷

图 3.6 含 3 个和 4 个碳原子的简单环形有机物分子结构模型
环丙烷含有 3 原子碳环，环丁烷含有 4 原子碳环，它们的化学性质都很活泼。

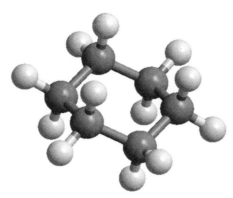

图 3.7 环己烷的分子结构模型

环己烷分子含有 6 原子碳环，自然扭曲为最稳定的"椅式"构象——最后面的碳原子翘起如躺椅的背部，中间 4 个碳原子构成椅座一样的结构，最前面的碳原子弯下如躺椅上搁腿的地方。

就必须把正常的单键强行"掰"近，可想而知有多别扭。只有 4 个原子的环也好不了多少，它和 3 原子环一样，很容易在外力作用下打开，所以也是生命不予考虑的单糖结构。

在含有更多原子的环中，5 原子环比较稳定，6 原子环更稳定一些，因为后者通过环结构本身的扭曲，让相邻碳碳单键之间的夹角自然接近正常大小，既不需要往里硬捏，又不需要往外硬撑，不会让碳环本身蕴含太多能迫使它打开的"张力"。这样，在单糖挑选的第一步中，先挑出来的是能形成 6 原子环的单糖。

然而，有很多种单糖可以形成 6 原子环。就拿分子中含 6 个碳原子、12 个氢原子和 6 个氧原子的己糖来说（"己"是天干第 6 位，表明分子中有 6 个碳原子），它们是最容易形成 6 原子环（含 5 个碳原子和 1 个氧原子）结构的单糖，其中有 16 种可以形成结构与葡萄糖非常相似的环形化合物——己醛糖，彼此之间的区别仅仅在于碳原子手性不同。那么，生命又该如何在这些只有细微差别的化合物中挑选出最合适的那一种呢？

如果你是历史爱好者，可能会喜欢甘露糖，因为它让人想起唐代的"甘露之变"；如果你是塔罗牌爱好者，那你也许会选择塔罗糖，它们的中文名中都有"塔罗"两字。不过，这些都只是与人类语言有关的文字

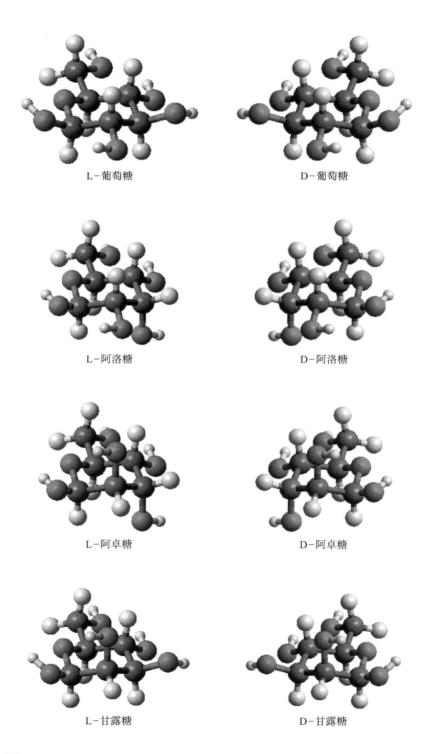

L-葡萄糖　　　　　　　　　　　D-葡萄糖

L-阿洛糖　　　　　　　　　　　D-阿洛糖

L-阿卓糖　　　　　　　　　　　D-阿卓糖

L-甘露糖　　　　　　　　　　　D-甘露糖

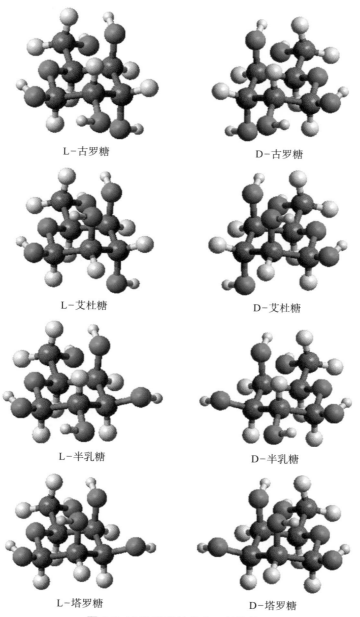

L-古罗糖　　　　　　　　　　　　　D-古罗糖

L-艾杜糖　　　　　　　　　　　　　D-艾杜糖

L-半乳糖　　　　　　　　　　　　　D-半乳糖

L-塔罗糖　　　　　　　　　　　　　D-塔罗糖

图 3.8 16 种己醛糖的分子结构模型

这 16 种单糖中的己醛糖可以分成两大系列——L（左旋）系列和 D（右旋）系列，彼此互为镜像。可以看出，L-葡萄糖（左旋葡萄糖）和 D-葡萄糖（右旋葡萄糖）分子中碳环上除氢原子之外的大基团都伸向远离碳环的方向，彼此间距最远，这样相对最稳定。与葡萄糖不同，其他 14 种分子中总有一个或几个大基团采取"挺直"的朝向，与碳环和其他大基团较为接近，这会产生较大的斥力，从而降低分子的稳定性。

游戏。对生命来说，它们仍然要拿"稳定"这个标尺来给这 16 种己醛糖"打分"。

仔细看这些己醛糖分子，我们会发现，在构成环的 5 个碳原子上都连有一个较小的氢原子和一个较大的基团（其中 4 个是羟基）。按照物理规律，这些较大的基团如果过于接近，彼此之间会产生较大的斥力，因此，较大的基团彼此离得越远分子就越稳定。

好了，仅仅根据这条简单但普遍适用的物理规律，生命就足以从这 16 种糖中选出较大基团彼此离得最远、相对最稳定的两种——正是左旋葡萄糖和右旋葡萄糖。在这两种候选有机物中，生命出于已有流水线对手性的偏好，又选择了右旋葡萄糖。最终，光合生物以右旋葡萄糖为基础，构建起庞大的与光合作用相关的流水线体系；那些自己不能进行光合作用、必须直接或间接靠吃光合生物才能存活的异养生物（包括人类），也必须懂得利用这一大套以右旋葡萄糖为基础的化工产品才能存活下去。地球就这样成了一个葡萄糖的世界。

3.3 来自组合的伟大创新——光合作用流水线初探

人类对光合作用的科学认识经历了几百年的漫长过程。首先，17 世纪的比利时学者海尔蒙特（J. B. van Helmont），通过实验发现植物生长增加的质量几乎并不来自它们所扎根的土壤，而主要是来自灌溉它们的水。然后，英国学者黑尔斯（S. Hales）纠正了海尔蒙特的一个认识盲区，认为植物增加的质量有一部分来自空气。在 19 世纪初，科学家已经逐渐知道，植物在有光照的情况下才会"增重"，吸收水分和二氧化碳，产生构成它们机体的有机物，同时放出氧气。到 1864 年，德国植物学家萨克斯（J. von Sachs）确定，植物光合作用生成的主要产物是糖类。这样，光合作用的基本方程式就拼出来了：

$$二氧化碳 + 水 \rightarrow 糖类 + 氧气$$

然而，就像生物的呼吸作用不是把糖在空气中点着、让它烧成二氧化碳和水的简单粗暴的过程，而是流程复杂、调节精细的一整套化学反应过程一样，只是把二氧化碳和水混在一起，用光一照，不可能自动生成糖类和氧气（否则，把汽水瓶放在阳光下，瓶中的汽水就该越来越甜了），背后肯定有非常复杂的过程。

不过，也许还是因为与人类亲缘关系比较远吧，生物学界对植物的深入了解总是比动物慢几拍。当 1939 年欧洲再次坠入世界大战的深渊时，正如第 2 章所述，学术界对全体需氧生物都要进行的呼吸作用的化学反应基础已经有了突破性理解，知道它的核心是一条环形流水线——柠檬酸循环。然而直到这个时候，英国生物化学家希尔（R. Hill）才刚刚发现，植物的光合作用是分两步进行的，第一步是"光反应"，必须有光照才能进行；第二步是"暗反应"，有光无光都不影响它发生，所以在暗处也能进行。

不过，慢几拍也有慢几拍的好处，就是可以充分受到其他先驱性发现的启迪。柠檬酸循环的发现对全体生物化学家都是一个重大启发——原来生物体内的基本化学反应可以通过这种循环的流水线进行啊！既然呼吸作用是如此，人们不免猜测：光合作用大概也是如此吧？

事情的确是这样。美国生物化学家卡尔文（M. E. Calvin）的研究小组花了 10 年时间，最终在 1954 年提出了光合作用的暗反应也是一条环形流水线的理论，这就是著名的"卡尔文循环"。比起柠檬酸循环来，卡尔文循环更复杂，因为这条环形流水线会在其中一个阶段分成几岔，生成多种多样的半成品，之后这几岔又复合为一。总括来说，卡尔文循环干的事情，就是用从水里得来的氢（以及由氢携带的电子），把一种叫 3－磷酸甘油酸的物质转化成甘油醛－3－磷酸（又称 3－磷酸甘油醛），然后用其中的 1/6 合成葡萄糖等糖类；其他 5/6 的甘油醛－3－磷酸则通过后续复杂而分岔的步骤生成核酮糖－1,5－双磷酸（简称核酮糖双

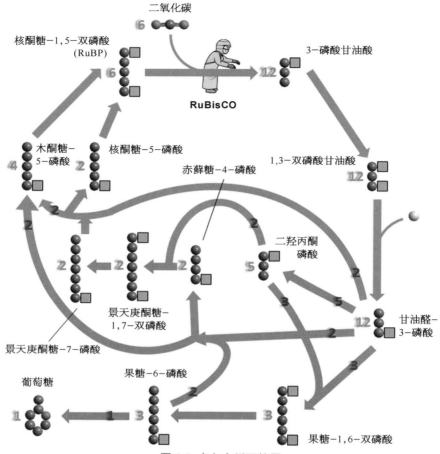

图 3.9 卡尔文循环简图

卡尔文循环是非常复杂的生物化学过程。总括来说，每循环一次会有 6 分子的 RuBP 参与，吸收 6 个二氧化碳分子，生成 1 个葡萄糖（或其他单糖）分子。图中注出了每个中间产物的分子数，从而可以了解在这个过程中碳原子数是如何守恒的。分子中的紫色方块代表磷酸基团。
图中还以流水线工人的形象表示固定二氧化碳的关键酶——核酮糖-1,5-双磷酸羧化酶 / 加氧酶（RuBisCO，详见下一节）。事实上，流水线上的其他步骤都有酶参与，本图为简明起见就不一一标出。

磷酸，英文缩写为 RuBP），它可以与二氧化碳结合，重新转化为 3-磷酸甘油酸，完成循环。

当然，就像呼吸作用中除了柠檬酸循环，还有一个重要环节是把氢原子和氧原子结合成水分子一样，光合作用中除了卡尔文循环，还有一个重要环节是水在光反应过程中被来自阳光的能量裂解为氢和氧气，同时一部分太阳能储藏在氢原子携带的电子里。这个裂解是动物体内所没有的特殊反应，其具体机理只能靠植物学家自己摸索了。

时至今日，光反应的具体细节虽然还没有完全被揭开，但离真相彻底大白已为期不远。也许在我们的有生之年，就可以人为造出光合作用系统，大量生产糖类，而不再仰仗植物的恩惠。我们会在第 10 章第 5 节带你放开思维，遐想这一翻天覆地的技术会带给人类社会怎样的巨变。不过，这里还是先重点关注植物是怎样得以拥有光反应这么神奇的流水线的。

要想利用光能来分解水，首先必须把光能聚起来。说实在的，虽然在最晴朗的天气里，强烈的阳光足以把人晒黑，甚至晒脱皮，但这个光强度还是不足以分解水，还得把能量再集中一下。植物细胞中专门进行光合作用相关化学反应的车间叫叶绿体，它里面含有多种色素。这些色素起的作用就是吸收光能，然后都把光能传递到一个中心进行聚焦。色素分子好比是能接收卫星信号并把微弱的无线信号聚集到一点上，从而获得比较强的信号的锅形天线，因而被形象地称为"天线分子"。

如今，人们已经从包括绿藻和陆生植物在内的绿色植物中分离出几十种能聚光的色素，其中最重要的是叶绿素 a 和叶绿素 b，其次是 β-胡萝卜素，剩下的则都属于叶黄素类。在这些"天线分子"中，叶绿素 a 是主角，因为它不仅可以在色素分子之间传递光能，还肩负着把聚集的光能传给光反应流水线的重任，这样才能把流水线开动起来。叶绿素 b 是叶绿素 a 的好伴侣，其聚光能力堪与后者媲美。在可见光波段，这两种叶绿素喜欢吸收红光和蓝光，对绿光却比较排斥，把绿光反射回去，所以看上去是绿色的。

相比之下，β-胡萝卜素和叶黄素类传递光能的本领不强，但它们和维生素 C 一样，是很好的抗氧化剂，可以有效帮助细胞叶绿体在强光条件下免受光合作用释放的高活性氧的危害，所以也起着重要作用。这两类色素主要吸收紫外光和蓝光，却把其他可见光都反射回去，所以

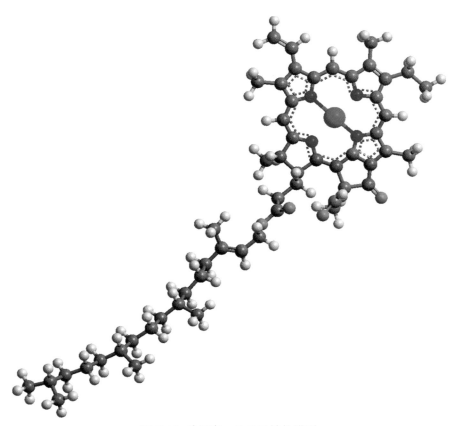

图 3.10 叶绿素 a 的分子结构模型

叶绿素 a 有一条长长的"尾巴"。图中绿色圆球代表镁原子，蓝色圆球代表氮原子；连续的虚线代表共轭双键系统（见第 6 章第 5 节）。叶绿素 b 和 β-胡萝卜素的分子结构模型见图 6.17。

呈现为橙、黄等颜色。不过，在正常工作的叶绿体内，因为两种叶绿素含量较高，它们的绿色盖过了 β-胡萝卜素和叶黄素类的颜色，所以绿色植物看上去通常是绿色的。

尽管我们长期生活在绿色植被中，已经形成了对绿色的本能好感，但生物学家多少还是为绿色植物感到可惜——如果它们能全面吸收阳光的能量，那不是更经济吗？何必非要把这一段绿光浪费掉呢？而且，绿光段恰恰还是整个可见光波段中强度最大的一段。如果由人类来设计一种捕捉阳光能量的装置，按说应该重点利用这个波段才对，但植物竟然完全反其道而行之！

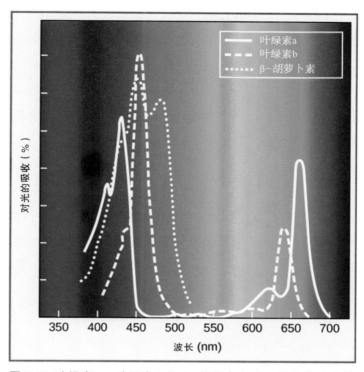

图 3.11 叶绿素 a、叶绿素 b 和 β–胡萝卜素对可见光的吸收性
（据 lumenlearning.com 网站图片译制，CC BY 4.0）

　　乍一看，绿色植物化工厂在设计上有失误，但科学家觉得这背后的原因一定不简单。2020 年的一项研究表明，绿色植物舍弃绿光是完全合理的做法，原因不是别的，仍然是前面已经提到的那个重要标准——稳定，必须要稳定。原来，绿光虽然很强，所含的能量很高，但它强弱不定的波动会给植物工厂带来很大麻烦。过弱的光能量不足，难以开动光合作用流水线；过强的光则能量太多，又有把流水线"烧坏"的风险。然而，自然界的阳光供应本来就是不稳定的，无论是阴晴变化，还是动物从上方经过，甚至就连植物自己的枝叶被风吹得影子乱动，都会引起某处位置光强的变化，造成不稳定的能量"噪声"。总之，这种忽高忽低的能量输入，对于光合作用和植物的整个生长发育过程来说都是个大麻烦。

在绿色植物看来，光合作用流水线的稳定运行需要有比较平稳的能量输入，这要比单纯追求最高效率但有"停摆"风险的生产更重要。为了保证流水线运行的稳定，它们决定舍弃能量最高但波动性也高的绿光波段，主要依赖能量相对较低的蓝光和红光。虽然蓝光和红光同样会有波动，但总体上看，能量波动的范围变小了，由此兼顾了稳定和效率，从而最有利于植物生长。

相比之下，植物中的另一大类——红藻生活在深水中，而在这样的位置，阳光被上方的水层阻挡和吸收了不少，漏下来已经不多了，能量的波动也小了很多。为了在深水中生存，红藻便尽量把各个波段的阳光都利用起来。它们的叶绿体含有叶绿素 a 和叶绿素 c（注意不是叶绿素 b，这是它们与绿色植物的一大不同之处），主要吸收蓝光；没有 β-胡萝卜素和叶黄素类，取而代之的配角是藻红素和藻蓝素，它们分别吸收绿光和红光，这样就实现了对可见光全波段的覆盖。

为什么这些色素能吸收可见光？这与它们的分子结构有关。不过，我们先不去管这个问题（这是第 6 章第 5 节的内容），而是继续看光能被叶绿素送到光反应的流水线之后发生的事情。

通过对光反应的过程进行细致分析，科学家发现，它可以再分成两个步骤。第一步叫"光反应 II"，利用光能把水裂解成氧和氢；第二步叫"光反应 I"，可以利用光能，最终制造出一种叫还原型辅酶 II（全称还原型烟酰胺腺嘌呤二核苷酸磷酸，英文缩写为 NADPH）的分子。NADPH 与第 2 章第 3 节提到的英文缩写为 NADH 的还原型辅酶 I 很像，也是专门负责装运氢原子及其携带的高能电子的物质，正是它源源不断地把氢原子及高能电子运送到卡尔文循环的流水线上。这两个步骤缺一不可：没有光反应 II，水就无法裂解；没有光反应 I，就制造不出卡尔文循环需要的 NADPH。

植物是怎样构建起这样配合紧密的光反应流水线的呢？说来令人惊奇，其实对植物的祖先来说，它们都是现成的。地球上能进行光合作用的细菌主要有 3 类。第一类是紫细菌，它们拥有非常像光反应 II 系统的

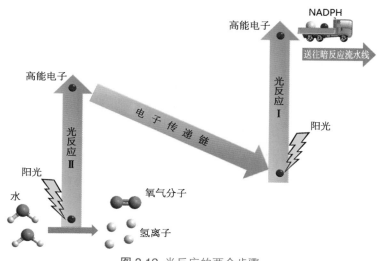

图 3.12 光反应的两个步骤

图中蓝色圆球为电子。

流水线。第二类是绿细菌，拥有非常像光反应 I 系统的流水线。然而，这两类细菌都只有单独的一条流水线，获得的光能还太少，无法既把水裂解成氧和氢，又把氢及高能电子送到卡尔文循环去，因此无法单纯利用水这种丰沛的氢源进行释放氧气的光合作用。后来，第三类细菌——蓝细菌（以前被称为蓝藻，为光合细菌之一）做了个很妙的"组合创新"：把这两条流水线都利用起来，让它们前后串联。这样一来，这条组合而成的流水线就可以获得足够的光能，实现氢从水到卡尔文循环的传递了。蓝细菌很快就成为远古时期地球上数量最多的"放氧光合生物"。地球大气在 24.5 亿年前的"大氧化事件"中积累到的氧，都是蓝细菌释放的。

再后来，有一种以吞食细菌为生的原始单细胞真核生物，在吞食蓝细菌之后出了点意外——蓝细菌没有被消化掉，而是在它肚子里继续存活。结果，这二者从此竟然和平共处、分工合作起来，蓝细菌负责制造养分，而真核生物负责给蓝细菌提供安全的生存环境。久而久之，蓝细菌变成叶绿体，而这种真核生物成了植物的祖先，最终演化出灰藻、红藻、绿藻、陆生植物等丰富多彩的植物。与此同时，那条组装而成的光反应流水线也扩散到了全世界。

3.4　一招鲜，吃遍天——光合作用流水线再探

光反应流水线体现的演化智慧令人惊叹。回头再看暗反应，其中的卡尔文循环就显得问题重重。

尽管前面没有提及，但有必要提醒大家一点——在生化反应中，绝大多数步骤需要专门的催化剂来催化，它们就是流水线上负责操作的工人。卡尔文循环中的关键一步，是让其中的半成品之一的核酮糖-1,5-双磷酸（RuBP）与二氧化碳反应，生成 2 分子的 3-磷酸甘油酸。负责这一工序的工人是 RuBisCO（对，名字大小写就这么怪！它的全称是核酮糖-1,5-双磷酸羧化酶/加氧酶），读起来像是意大利语的姓氏，我们就管它叫"鲁比斯科"好了。一点也不夸张地说，整套卡尔文循环的流水线就是以"鲁比斯科"负责的工序为核心组织起来的。

"鲁比斯科"有个坏毛病：它不怎么区分二氧化碳与氧气分子，随手抓来一个就让它与 RuBP 反应。如果抓来的是二氧化碳，当然正好，产出 2 分子的 3-磷酸甘油酸；如果抓来的是氧气，那就麻烦了。1 分子的氧气与 RuBP 反应只能生成 1 分子的 3-磷酸甘油酸，还生成 1 分子的磷酸乙醇酸；虽然前者也是目标产物之一，但后者对卡尔文循环来说就是地地道道的废品了。大量废品在细胞内积累，首先占用地方，其次是污染反应环境。更麻烦的是，这步错误的操作不仅没让植物获得制造有机物的碳，还搭出去一部分碳，而且光合作用中的其他流水线白工作了。

"鲁比斯科"的这个毛病正好提示生物学家，它一定是在地球大气中还没有什么氧气的时候就开始被生物"雇用"的。那时候，植物叶绿体的前身——蓝细菌利用"鲁比斯科"完成二氧化碳的吸收和固定基本没问题，它对这个工作绝对胜任、愉快。直到地球大气中的氧气越来越多，这个"眼神不好"的毛病才逐渐凸显出来。

大多数植物对于"鲁比斯科"这个缺点明显的工人是又爱又恨。我们可以设想，当时有两个解决方案，一是把"鲁比斯科"解雇，另找一

个技术更好的流水线工人；二是容忍它的毛病，想办法给它创造更好发挥作用的工作环境，同时另外找人来专门处理它弄出来的烂摊子——"废品"磷酸乙醇酸。前一个方案虽然可以从根本上解决问题，但换人就意味着要推翻整条卡尔文循环流水线，代价实在太大。没办法，植物只能"忍气吞声"地采取了后一个（即修修补补）的方案。（这似乎提示我们，只要某个人有绝活，而且他与其他人已经建立了牢固的关系，哪怕缺点不少，还是可能会被人捧着。）

为了处理掉磷酸乙醇酸这种废品，并尽可能把碳"抢救"回来，植物专门建立了一道名叫"光呼吸"的复杂工序，把 2 分子的磷酸乙醇酸转化为 1 分子的 3-磷酸甘油酸，同时释放出 1 分子的二氧化碳。光呼吸的流水线非常长，竟然从叶绿体这个进行光合作用的车间延伸出来，先穿过叫"过氧化物酶体"的第二个车间，然后穿过第三个车间——线粒体，并再次穿过过氧化物酶体，最终回到叶绿体。

总的来说，如果没有这条废品回收利用的光呼吸流水线，一旦"鲁比斯科"操作失误，植物会损失 2/5 的碳；有了它，植物才算把碳的损失减小到 1/10。此外，在漫长的工艺改进过程中，为了让光呼吸流水线产生更高的效益，植物还让它顺带完成其他一些生理活动。但不管怎么说，光呼吸毕竟从根本上是一种无奈的补救措施，而且为了完成这个过程，植物不得不搭进去很多水分和能量。

植物学家管这些只用光呼吸流水线作为补救措施的植物叫"C3 植物"（或"碳-3 植物"），因为它们吸收二氧化碳后的第一个正确的半成品（即 3-磷酸甘油酸）分子中有 3 个碳原子。对于热带地区的 C3 植物来说，"鲁比斯科"造成的损失更大，因为温度越高，它就越容易抓取氧气，结果制造出更多废品。

在高温环境压力下，小部分植物被迫找到一条还算不错的解决途径。它们把专门用来制造苹果酸的流水线（就是第 2 章第 4 节提到的苹果、葡萄等水果在未成熟时制造苹果酸的主要流水线）搬到叶肉细胞中，利用它先吸收一部分二氧化碳，生成苹果酸，同时对叶片中的维管

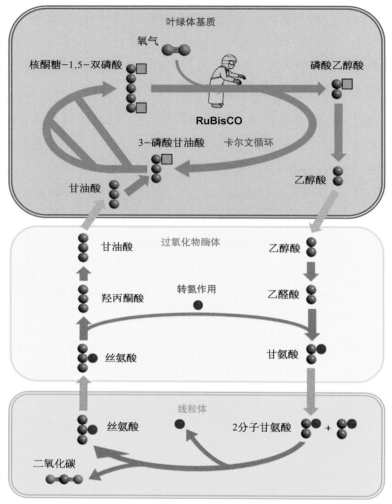

图 3.13 光呼吸过程简图

图中分子中的紫色方块代表磷酸基团。

鞘细胞做了改造。这些维管鞘细胞原本只起着保护维管的作用，现在体积扩大了很多倍。植物把叶肉细胞生成的苹果酸运到维管鞘细胞中，让它重新释放出二氧化碳，使这里的二氧化碳相对浓度比空气大了很多。在这种二氧化碳分子所占比例大大增加的环境中，"鲁比斯科"的出错率就下降不少。这下好了，现在维管鞘细胞成了专门进行卡尔文循环的场所，所有流水线都搬到这里组装起来。"鲁比斯科"，干活吧！

对于这一部分植物，因为它们吸收二氧化碳之后首先形成的是苹果酸之类含有 4 个碳原子的半成品，所以被称为"C4 植物"（或"碳−4 植物"）。说到底，C4 植物并没有从根本上解决"鲁比斯科"的缺点，只是尽量给它提供了一个不易出错的环境罢了。但这种"治标不治本"的创新，已经足以让光合作用中碳和能量的利用效率提高不少，植物对水分的需求也减少了。因此，C4 植物比 C3 植物更能忍受热带地区高温、干旱的不利环境。

C4 植物是在 3 500 万年前演化出来的。有趣的是，这些植物彼此之间并非都有亲缘关系，实际上分属几十个不同的家系，这意味着它们是各自独立、不约而同地演化出这种高效利用碳的方法的。最重要的 C4 植物是热带禾草类，包括玉米（*Zea mays*）、高粱（*Sorghum bicolor*）、甘蔗（*Saccharum officinarum*）这几种热带起源的农作物。在 700 万～600 万年前的中新世晚期，地球气候从湿润逐渐转为干旱，喜湿的森林开始退却，它们在热带腾出的空间便被耐旱的热带禾草占据，形成了广袤的热带稀树草原。如今，C4 植物的种类虽然仅占陆地植物种类的 3%，但它们吸收和固定的二氧化碳竟然占到陆地植物总量的 23%！而且，不少起源于热带的 C4 植物现在已经扩散到温带，很多成为难以清除的杂草。可想而知，假以时日，温带也会成为它们的天下。

在气候更干旱、昼夜温差很大的热带荒漠地区，有一群以景天类为代表的植物，它们为了自保，发展出一种更独特的利用二氧化碳的方法。它们在温度较低、水分蒸发慢的晚上才打开叶片表面的气孔，吸入二氧化碳，像 C4 植物一样生成苹果酸，然后移入液泡储藏。天亮之后，它们把气孔关闭，避免水分散失。这时，苹果酸再从液泡中运出来，在细胞基质里面释放出二氧化碳，供光合作用之用。这种利用苹果酸作为中介，把二氧化碳的吸收和糖类的合成分别安排在不同时段的独特光合作用方式就是景天酸代谢。当然，有一得也有一失。因为吸收二氧化碳的时间很有限，这类植物制造有机物的速度比 C3 植物和 C4 植

图 3.14 巨人柱（*Carnegiea gigantea*）
巨人柱是属于仙人掌科的一种高大、柱状的多肉植物，通过景天酸代谢进行光合作用。（寿海洋摄于上海辰山植物园）

物慢了不少，所以它们的生长通常非常缓慢。

景天酸代谢只是这类处于干旱环境中的植物珍惜水资源的方式中的一种。它们之中还有很多种类同时采用另一种方法，就是把辛苦吸收的水分在体内储藏起来。这些植物的形态因此变得十分奇特，要么叶片变得肥厚多汁，要么茎变得粗大但柔嫩——这就是所谓的"多肉植物"。多肉植物是园艺爱好者眼中的珍品，而现在你知道了，它们这种古怪的体态，连同独特的光合作用方式，都是对环境的适应。

3.5　如何欺骗你的舌头——不属于糖类的甜味剂

植物经过复杂的步骤完成了光合作用，先制造出以葡萄糖为主的单糖，再制造出蔗糖这种最重要的二糖。然后，它们又很快利用蔗糖合成出分子很大的多糖，主要是淀粉和纤维素（它们是下一章的主题之一）。但是，真正在植物组织中能留下来、让人尝到甜味的那几种单糖和二糖，数量并不算多。

对人类来说，甜味往往代表着吃下的物质可以很快地转换为能直接利用的能量。因为天然的甜味物质是如此稀缺，我们才对甜味产生疯狂的迷恋。最早的时候，甜味只天然存在于一些水果、植物的根或茎以及蜂蜜之中，这些物品主要含葡萄糖、果糖和蔗糖。后来，古人学会了用刚发芽的谷粒熬制麦芽糖。麦芽糖其实不太甜，但易于制造，特别是可以在水果全无踪影、蜂巢里的大部分蜂蜜被蜜蜂自己吃掉的冬天制取，满足了大人和小孩在逢年过节时尝点"甜头"的希望。

最终，有两种植物全面满足了人们嗜糖的爱好，它们就是甘蔗和甜菜（*Beta vulgaris*），前者的茎、后者的根中都含有丰富的蔗糖。甘蔗的利用相对较早，印度人在公元前 4 世纪就知道用甘蔗汁制糖了。在 15 世纪，当欧洲的航海家和探险家另辟直达东方的新航路，探察此前不曾到过的海域和陆地的"地理大发现"开端之后，西方殖民者就强占了美洲原住民的地盘，把许多土地改造成甘蔗庄园，又从非洲大量贩运黑人到那里做苦工。此后有好几百年，添加在欧洲人咖啡、茶和蛋糕里的糖，都附着美洲原住民和黑奴的血泪。甜菜的利用比较晚，尽管甜菜头很早就是欧洲的一种蔬菜，但直到 18 世纪，有工业榨取价值的糖用甜菜品种才培育出来。

如今，我们生存在一个糖远远过量的世界中。单是超市里常见的那些饮料，一瓶下去摄入的糖就有几十克。这几十克糖如果都精制成方糖，恐怕大多数人都觉得吃起来太甜。但把它们溶解在饮料里，再用柠檬酸之类的酸味掩盖，我们却能面不改色地喝下去。

然而，一点也不夸张地说，我们本是"不配"吃这么大量的糖的。在人类祖先几百万年的演化过程中，此前压根就没有遇到能摄入如此多的糖的情形，所以缺乏适应这种局面的能力。大量的糖进入人体，在作为养分进行有氧呼吸时，会产生很多富于攻击性的自由基。尽管人类作为需氧生物，在长期"玩火"的过程中也和植物一样有很多清除自由基的生理机制，但如此大量的自由基突然涌现，还是超出了人体的自净能力。清除不及时的自由基会造成多种细胞和组织的损害，而这些损害是糖尿病、心血管病、癌症和慢性肾病，可能还有阿尔茨海默病等慢性病的"共同土壤"。

糖这种食品让人着迷的方面主要是口中那种令人如痴如醉的甜味，并不是它提供能量的功能。如果能找到既甜又不会被人体利用（也就是没有营养）的物质，不是既可以享受到甜味，又可以免于糖摄入过量造成的损害吗？

说起来，这也是人类的一种幸运吧——的确有不少天然或人工合成的物质，无法作为养分供人体吸收，却有着迷人的甜味，比蔗糖还要甜上几千甚至几万倍，从而可以作为"代糖"使用。人之所以能尝到甜味，是因为舌头和口腔壁中的味蕾里有专门的甜味受体（这种受体是蛋白质中的一种，详见第 5 章）。甜味受体的特殊分子形状使它可以与含有多个羟基的糖分子结合，从而被糖分子激活。激活的甜味受体会让神经系统向大脑发出信号，报告说："有甜味！"然而，有机物的种类千千万万，总有一些分子虽然不是糖，却可以与甜味受体结合，让它误以为是糖分子。

糖精就是一种人工合成的甜味剂。它的分子结构与糖一点也不像，却比糖更容易激活甜味受体，甜度是蔗糖的几百倍。即使在今天，糖精仍然是最甜的物质之一。早在 19 世纪 70 年代，德国化学家法尔伯格（C. Fahlberg）就发现糖精具有不可思议的强烈甜味，这让它成了一种应用历史非常悠久的甜味剂，也因此遭到了很多质疑甚至过度的攻击。虽然曾经有研究表明糖精可以导致小鼠罹患膀胱癌，这让它的声誉一落千丈，但后来又发现，导致小鼠患癌的因素在人体内并不存在，而迄今仍然没有可靠证据表明糖精会引发人类的癌症。不过，因为糖精本身的甜味并不纯粹，其中夹杂了苦味和金属般的味道，所以即使没有健康风险，人们如今也不爱用它了。

与糖精相比，木糖醇和阿斯巴甜的甜味更纯正一些，它们也就成了现在应用最多的代糖。当然，这二者也各有各的问题。木糖醇的分子结构很像糖，仍然有一部分可以被人体吸收并转化为热量，剩下的部分在肠道里蓄积，还会让人拉肚子。1 分子的阿斯巴甜可以被人体分解成 1 分子的甲醇和 2 分子的苯丙氨酸（氨基酸的一种，而氨基酸是构成蛋白质的基本单元，这将在第 5 章中详述）。虽然甲醇含量很低，不足以对人体造成伤害，但苯丙氨酸对于患有一种叫"苯丙酮尿症"的先天性遗

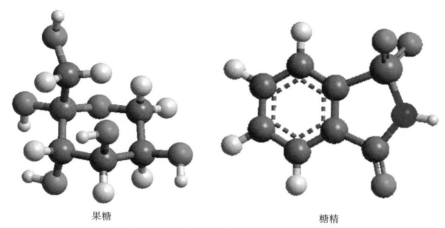

果糖　　　　　　　　　　　　　　糖精

图 3.15 果糖和糖精的分子结构模型

图中蓝色圆球代表氮原子，深黄色圆球代表硫原子。

传病的人来说却有很大危害，这些患者是没法享用加有阿斯巴甜的食品和饮料的。

目前，已知最甜的物质是里昂胍乙酸（lugduname），甜度据说可达蔗糖的 30 万倍。不过，人们尚不清楚它是否对健康有危害，所以还没有批准用作食品添加剂。

除了这些人工合成的甜味剂，植物也能合成一些天然的非糖甜味剂，后一类的分子结构都非常复杂。原产于南美的甜菊（*Stevia rebaudiana*）的叶片中所含的几种甜菊苷就是日本应用最多的代糖之一，但在欧美倒是不太常用。非洲热带地区广布的应乐果（*Dioscoreophyllum volkensii*）果实中含有应乐果蛋白，其甜度可达蔗糖的几千倍；西非的翅果竹芋（*Thaumatococcus danielii*）果实中的翅果竹芋蛋白也有相近的甜度。同样产自西非的神秘果（*Synsepalum dulcificum*）果实中的神秘果蛋白有另一种神奇的效果——它可以强行改变甜味受体的分子构象，让它们能被酸味分子激活，结果让你吃的所有酸东西尝起来都是甜的！

植物为什么要制造这些甜味物质？看到它们常在果实中出现，一个很自然的猜测是，它们也可以让果实味道甘美，吸引动物摄食。然而，这恐怕不是真相。以翅果竹芋蛋白为例，它其实是植物在受到病原体感

图 3.16 神秘果（寿海洋摄于上海辰山植物园）

染后产生的防御武器，只不过人类尝起来碰巧是甜的而已。再如神秘果蛋白，有日本学者认为它可能也与植物防御有关。

　　这种情形很容易理解——植物毕竟要让自己活下去。除非是明确地"有求于"动物，否则，不管植物合成什么物质，它首先是为了自己利用，其中淀粉、纤维素和木质素就是最典型的例子。

第 4 章

衣食住行所系

4.1　团结力量大——为什么植物要合成多糖

　　这是一个很有名的历史故事：我国南北朝的时候，在今天青海一带有个叫吐谷浑的草原部族，王国有一位叫阿豺的首领，他在临死前把弟弟和 20 个儿子都叫到病床边。阿豺先吩咐他的儿子们："你们各拿一支箭，折断后扔到地上。"这是很轻松的事情，他的儿子们都做到了。阿豺然后吩咐弟弟："你也拿一支箭折一下。"他的弟弟也照做了。正当大家都莫明其妙的时候，阿豺又对弟弟说："你拿 19 支箭来再折折看？"他的弟弟把这一大把箭攥在手里，怎么也折不断。阿豺这才语重心长地说："你们这回知道了吧？单枪匹马很容易被打倒，大家聚集起来才不容易被击败；只有团结一心，我们才能兴盛！"

　　团结力量大，这是一条亘古不变的规律，在人类社会和自然界中都有大量的例子。动物和陆生植物都是多细胞生物。单独一个细胞可以说非常脆弱，但数以亿计的细胞团结起来，就能组成强大的整体。当然，如果其中出现肿瘤细胞这样的害群之马，那原本强大的集体又会陷于失灵，甚至停止运转，最终所有细胞（包括肿瘤细胞本身）都不免一死。

　　甚至到了微观的分子层次，这条规律也有一定体现。单独一个葡萄糖分子很脆弱，它有个叫"还原端"的活性反应位点很容易受到攻击，导致它经常发生化学反应。然而，如果把很多葡萄糖分子串起来排成队，让后一个分子保护前一个分子的还原端，这样形成的葡聚糖（多糖中的一大类）分子就不容易被破坏了。有了稳定性作为前提，葡聚糖的各种功能便可得到发掘。

不过，葡萄糖分子之间可以有多种连接方式，形成多种类型的葡聚糖。应该生产什么样的葡聚糖，让它们发挥什么作用呢？植物的祖先根据它们的形态，做出了精明的选择。

如果让葡萄糖分子一正一反地排队相连，这样的队伍可以排得非常笔直，形成很长的丝，这就是纤维素。正如优良的木材常常出自树干笔挺的树木一样，分子笔直的纤维素很适合做建筑材料，用来搭建生物体的"骨架"。

如果让葡萄糖分子都以正向排队相连，由于 6 原子环本身处于扭曲状态（在第 3 章第 2 节中已经介绍过，这样让分子中的大基团彼此远离，使分子处于最稳定状态），相邻两个葡萄糖单元之间不可避免有夹角。一串葡萄糖分子这样排下来，就形成了规整的螺旋形结构。如果队列再延长，就连螺旋形结构也无法保持，整个分子更是处于一团乱麻状态，这就是淀粉。

不过，无论本章的多糖，还是下章的核酸和多肽（蛋白质），构成它们的单元分子都不是直接连在一起的，而是在相邻的两个单元分子中，一个单元分子失去一个氢原子，另一个失去一个羟基（合起来就相当于每个连接处失去一分子的水），最终连起来的是剩下的基团。

淀粉这种"曲躬折腰"的状态让它无法担当构建大厦的"重任"。但因为它天然卷曲，可以继续缠绕成致密的颗粒，占用的空间比较小，所以很适合作为养分和能量的储藏形式。从蓝细菌时代开始，淀粉就成了需氧光合生物重要的仓储物。这些生物体内有两条流水线，其中一条负责把葡萄糖一个个组装成淀粉，另一条则负责把淀粉一点点拆成葡萄糖。

淀粉又可以分成两种，一种是直链淀粉，几乎所有葡萄糖单元都排成一支队伍而没有分支；另一种是支链淀粉，每隔一些葡萄糖单元就

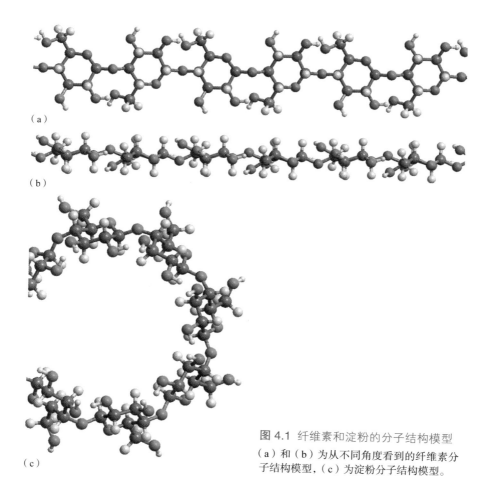

（a）

（b）

（c）

图 4.1 纤维素和淀粉的分子结构模型
（a）和（b）为从不同角度看到的纤维素分
子结构模型，（c）为淀粉分子结构模型。

会出现分支。这两种淀粉各有优缺点。直链淀粉分子没有枝岔，可以缠
绕得非常紧密，形成规则的晶体，占用的空间小，但它在冷水中不易解
离成小分子单元，植物要想把它送上分拆的流水线得费些时间。支链淀
粉分子中有很多分支，不容易缠绕得很紧密，占用的空间较大，但它比
较容易吸水，能够较快地解离成可以马上被利用的小分子单元。不仅如
此，因为有些负责拆散淀粉分子的流水线工人只会从分子的末端一点一
点地拆它，而支链淀粉分子由于末端很多，能够在同一个分子上操作的
工人也多，所以拆起来比直链淀粉更快。

　　显然，当植物生长需要消耗大量养分和能量时，淀粉拆得越快，植

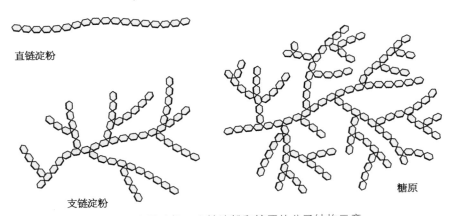

直链淀粉

支链淀粉

糖原

图 4.2 直链淀粉、支链淀粉和糖原的分子结构示意

为求简单以便理解，图中以六角形代表葡萄糖单元，并省略了淀粉分子复杂的卷曲结构。（依据维基百科 OpenStax College 的图片改绘，CC BY 3.0）

物就长得越快。因此，支链淀粉在植物淀粉中通常占多数。然而，考虑到直链淀粉占用空间小的优点，植物总要合成一些直链淀粉作为能量储备。经过一番权衡和运筹，每种植物合成的直链淀粉和支链淀粉通常有个大致确定的比例，好让淀粉的利用效率最高。

　　动物体内也有类似淀粉的物质——糖原。它的结构有点像支链淀粉，只是比后者分支更多、更密，这适应了动物要运动、要更快产生能量的生活习性。只不过，糖原对动物来说只是能量的临时性储备，而需要更长期储备的能量是储藏在脂质里的。

　　因为淀粉很早就成了需氧光合生物的重要产品，所以它也早就被不劳而获的异养生物盯上了。能消化和利用淀粉的异养生物在各大生物类群中广泛分布，有细菌，有真菌，还有动物……其中最有趣的是人类。在我们的祖先主要依赖水果的时候，唾液基本上没有消化淀粉的能力。然而，随着人们吃含淀粉的食物越来越多，经过代代演化，唾液能够初步消化淀粉的人也越来越多——我们吃的食物，最终改变了我们自己！用一句西方谚语来说，这就是"人如其食"。

　　对于这些抢自己养分和能量的"强盗"，植物主要有两个招数对付。第一个招数是发挥化学高手的天赋，合成有毒物质来对付摄食者，木薯（*Manihot esculenta*）就是其中的典型例子。木薯的块根不仅富含淀粉，为了防止被食草植物摄食，还含有一种叫"氰苷"的物质（第 8 章第 1 节对氰苷有更多介绍）。动物把氰苷吃下肚子，氰苷就会分解并释放出剧毒的氢氰酸，致动物于死地。人类为了利用这种薯类作物，不得不发展出一套非常复杂的处理方法，既要剥皮，又要浸泡，还必须彻底煮熟，这样才能安心食用。

第二个招数就有点"破罐子破摔"的意思——既然我防不住你吃，那我就大量制造，压根让你吃不完。很多植物以淀粉作为种子的主要储藏养分，其中一些种类便采取了大量结种子的策略，这样即使有一部分种子被鸟兽等动物吃掉，总还能剩一部分幸存到下一个生长季，有机会萌发成新植株。在这些大量结种子的植物中，颇有一些得到人类的驯化，成为粮食作物——水稻、小麦、粟（小米）、玉米、高粱、荞麦，等等。栎属（*Quercus*）植物则是典型的种子富含淀粉的树种。在栎林中，很多小动物以栎树果实（称为橡实）为食，松鼠是最有名的代表。为了应对冬季食物短缺的局面，松鼠会在地上大量埋藏橡实，可惜它们记忆不大好，很多埋藏地点最后都忘记了，结果反而便宜了栎树——这些安睡在土壤中的橡实，到来年正好可以萌发，长成新植株，最终扩大分布范围。

最近 2 000 万年来，随着地球气候逐渐变得干旱，还有一些种子植物开始利用另一类多糖——果聚糖作为养分和能量的主要储藏形式，菊科植物就是代表。与淀粉不同，果聚糖很容易溶解在水中。菊科植物把很多果聚糖溶解在细胞的液泡中，由此形成的高浓度细胞液不仅可以让更多水分从细胞外渗入细胞内，而且能阻止水分从细胞中流失（其原理与未成熟水果在液泡中积累柠檬酸或苹果酸是一样的），于是它们有了更强的抗旱能力，可谓一举两得。菊科植物的老家在南美洲，它们演化出来后逐渐在全世界范围内扩张，到现在已经发展到 2 万多种，成了种子植物中最大的两个家族之一（另一个是兰科）。它们之所以这么成功，一个很重要的原因就是充分发挥了果聚糖的优势。

图 4.3 菊芋（*Helianthus tuberosus*）

菊芋的地下块茎俗称"洋姜"，可食用，其中含量丰富的菊糖（果聚糖的一种）属于膳食纤维。人体虽然不能消化菊糖，但它也有一定健康益处。（寿海洋摄）

4.2　齐心造钢筋——纤维素的合成

　　说过了"曲如钩"的淀粉，再来看"直如弦"的纤维素。

　　在所有细胞生物的细胞内部，各种结构（线粒体、叶绿体、过氧化物酶体等流水线车间，以及液泡这种植物特有的仓库）和基质都包裹在一层薄薄的细胞膜中。但是，细菌、真菌和植物在细胞膜外还有名为"细胞壁"的结构（参见图 2.10）。

　　不过，在生物学中，名同而实异的结构太多了。虽然都是细胞壁，但细菌和真菌的细胞壁在起源和化学成分上都与植物不同。比如蓝细菌就与其他大多数细菌一样，细胞壁的主要成分是肽聚糖，而植物细胞壁的主要成分是纤维素。

　　其实，蓝细菌本身也能合成纤维素。科学家能有把握地推测，作为植物祖先的单细胞真核生物把蓝细菌一口吞下、让它在体内共生之后，就一边慢慢地把蓝细菌变为叶绿体，一边把很多蓝细菌的流水线搬到自己的细胞质里，合成纤维素的整条流水线也是这样被强行从蓝细菌中夺走。随后，植物就做了一个很难走回头路的决定——用纤维素来构建细胞壁。

为什么说这是一个很难走回头路的决定？因为选择用纤维素构建细胞壁，就基本意味着放弃了运动能力。纤维素是一种较为坚固的结构，用它搭建起来的细胞"外骨骼"会极大地限制细胞之间的相对运动，进而限制了植物整体的运动。当植物彻底选择了这种不运动的生存方式之后，就把细胞壁构建得更厚实且坚硬，完全是"一条道走到黑"了！

植物用纤维素构建细胞壁的方式非常有趣。每一根纤维素都由一个工人负责制造，而制造的过程仿佛是把珠子（即活化的葡萄糖分子）一枚一枚地串成珠链（纤维素）。然而，这些工人并非单独行动，而是组成整齐的队伍齐头并进。每 3 个或 4 个工人会围成一圈形如花环的结

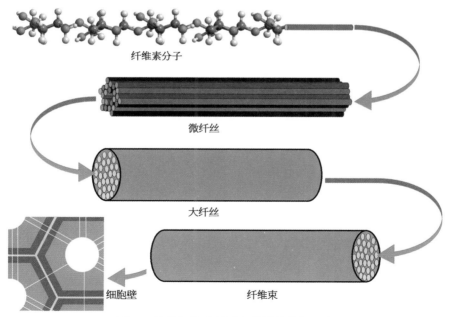

纤维素分子

微纤丝

大纤丝

细胞壁   纤维束

图 4.4 植物细胞壁纤维束的结构分解示意

纤维素分子彼此都是相似的，但为了让微纤丝结构看起来更清晰，图中用不同颜色表示不同纤维素分子。

构，每 6 个这样的"花环"再围成更大的"花环"；所有工人都同步制造纤维素，最后它们同时生产出来的 18 或 24 根纤维素组成一束排列紧密、强度很大的微纤丝。许多这样制造微纤丝的工人小队（称为纤维素合酶复合体）联合成同步工作的中队（负责制造大纤丝），许多同步工作的中队再联合成大队，每个大队用大纤丝制造出的纤维束才是构成细胞壁骨架的基本结构。

当植物细胞刚刚通过分裂形成时，制造纤维束的生产大队干活比较"随意"，可以从任意一个方向开始，边走边扯出纤维束，最后形成由纤维束无序地交织在一起的初生壁。因为初生壁比较薄，纤维束也比较松散，不足以限制细胞的形状变化，所以植物细胞能在初生壁中继续长大、伸长，并让初生壁也跟着扩大、拉长。然而，有些植物细胞一旦停止生长、完全成熟，纤维束生产大队就立即"认真"起来。这时，所有生产大队都在植物细胞内一种叫"微管"的结构（仿佛是工头）的引领下，非常整齐地沿着同一个方向制造纤维束，让新的纤维束整齐地覆盖在原有的纤维束层上。一层覆盖满了，微管会微微转个方向，继续带着工人们走，于是在这一层纤维束之上覆盖一层与它方向略有交错的新的

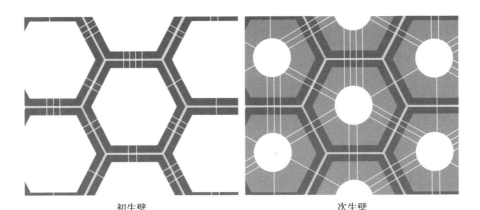

初生壁　　　　　　　　　　　　　　　　　次生壁

图 4.5 植物细胞的初生壁和次生壁示意

植株最初只有初生壁（图中深蓝色部分），由方向散乱的纤维束构成。一些细胞在后续发育过程中又制造纤维束排列较规整的次生壁（图中浅蓝色部分）。相邻细胞（图中空白处）之间以细胞壁上的细小孔洞（图中白色细线部分，为物质运输与信息传递的重要通道）沟通，其中有被称为胞间连丝的细胞质连线。黄色部分为相邻细胞的细胞壁之间的中胶层。

纤维束，如此反复进行，最后形成厚而结实的次生壁。（微管是真核生物细胞内普遍存在的结构，有多方面的作用，第 9 章第 3 节还会涉及。）

当然，植物细胞壁里并非只有纤维素，还有很多其他成分，比如半纤维素和果胶。后两种物质的化学成分比纤维素复杂，但也是由简单的环状含氧有机物分子串起来的长链或分支形式的分子。如果说纤维素构成的纤维束是钢筋混凝土里的钢筋，半纤维素就是用来绑钢筋、把它们固定住的钢丝，果胶则是把钢筋包裹起来的混凝土。有了这些辅助分子的配合，植物的细胞壁就愈显坚韧。次生壁中更是常常混有木质素，这是比纤维素更刚韧的物质（本章第 4 节会有详细描述）。

次生壁不仅厚实、坚硬，而且不透水，也不太透气。植物细胞生存在这样的结构中，很像被囚禁在小黑屋里面。为了让细胞可以获得生存所需的水分和养分，细胞壁在开始建造的时候就在上面一些地方留下了孔洞，允许相邻的细胞通过这些孔洞互递物质、互传信息。大部分植物细胞就是在这样的环境中活着的。

当然，除了绿藻和苔藓这样矮小且常常生于潮湿环境中的植物外，对于大多数植物来说，光是靠相邻细胞传递水分和养分速度实在太慢，不足以养活每个细胞。只有向动物学习，像它们在体内建立血管系统一样，在植株内部搭建专门运送水分和养分的管道——维管，才能让植株各个部位快速获得生存所需的物质。这样的植物就是我们前面已经几次提到的"维管植物"。按照最新研究成果，维管植物可以分为石松植物、蕨类植物（这两类合称广义蕨类）、裸子植物和被子植物（这两类合称种子植物）四大类。在维管植物体内，运送水分及溶解在水中的矿物质的维管（称为导管）与运送以糖类等有机物为主的养分的维管（称为筛管）是分开的两套体系。

不过，动物的血管是由活细胞围成的空腔，构成血管壁的细胞会不断更新。植物的维管就不同了，它们是由长管状的维管细胞首尾相连形成的，而且这些细胞为了能让水分或养分更有效地通过，都对自身的结构做了极大的改动。运送养分的筛管细胞把自身很多与养分运输无关的流水线都拆掉了，最后把自己弄成了残废，连正常运转都成问题，还得靠旁边的细胞照顾它，给它剩余的流水线提供必要的动力。运输水分的导管细胞则更为惨烈，干脆掏空自身，细胞膜连同里面的内容物都不复存在，只剩下管状的细胞壁，彻底成了死细胞。

如果这种运输水分的死细胞的残余结构多少让人觉得有点像那些非生命的人造血管（它们在医学上用来代替出了毛病的活血管），那么植物大量制造木质素的化学反应和与此相适应的形态结构就只能让人觉得，如果人也像维管植物那样生活，绝对会是件非常可怕的事情。

4.3 "打哈欠"和"聪明"——莽草酸途径流水线简介

要说清楚木质素的分子结构，我们需要先从苯环讲起。

在第 1 章第 5 节已经说过，如果把 6 个碳原子排成环状，碳原子之间的 3 个双键和 3 个单键交替排列，那么在现实中，因为一些特殊的化学规律，这 6 个键会变得彼此相同，从而让这个 6 原子碳环形成平面正六边形结构，这就是苯环（参见图 1.11）。苯环上的每一个碳原子还剩下一份"结合力"，如果各自用来和一个氢原子结合，就形成了含 6 个碳原子和 6 个氢原子的有机物——苯。

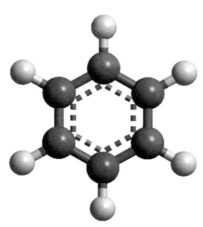

"苯"这个名字归根结底来自植物——更准确地说，来自一种植物制品。在东南亚的热带雨林中有一种树，割开它的树皮能获取一种芳香的树脂，可作为香料或传统药材。在古代，这种树脂做的熏香很受西亚和东南亚居民喜爱，商人们大量从东南亚地区获取这种树脂，运到其他地区贩卖。

图 4.6 苯的分子结构模型

中国人最早通过沿古丝绸之路

从中亚到达中国的胡商知道这种树脂，于是就叫它"安息香"。尽管"安息"这个词不免会让人想到烈士纪念日或葬礼，但它在这里其实是中亚一个古国的名字。出产这种树脂的那种树，在植物学上的中文名也叫作"安息香"（*Styrax benzoin*）。这样就造成一个有趣的现象：一种热带雨林里的树，竟然拿一个千里之外的温带干旱地区的国家来命名！

中世纪（5—15 世纪）的时候，欧洲人也从阿拉伯人那里知道了这种香料。阿拉伯人对安息香的由来知根知底，非常准确地管它叫"爪哇香"，它的阿拉伯语名是"*luban jawi*"，其中"*luban*"（发音像"鲁班"）意为"香"，而"*jawi*"自然是"爪哇"之意。然而这个名字传入欧洲时出了岔子——地中海沿岸的欧洲人硬是把"*luban*"开头的音节"*lu*"生生截去，只剩下后面的"*ban*"；"*jawi*"这个词的读音也发生了讹变。最后传到英国时，安息香的英语名就成了 benzoin。

苯最早是由英国科学家法拉第（M. Faraday）在 1825 年发现的。法拉第虽然以电磁学上的发现闻名世界，但是他和巴斯德一样，最早做的是化学研究。法拉第年轻时就得到英国著名化学家戴维（H. Davy）的赏识，成为他的助手，而苯的发现是法拉第早期的化学研究成果之一。只不过，法拉第是从黑黝黝、黏糊糊的煤焦油中提取的苯，他给苯起的第一个名字是毫无趣味的"氢化二碳"。

1833 年，德国化学家米切利希（E. Mitscherlich）通过把安息香酸（即苯甲酸）和石灰共同蒸馏，也得到了苯。因为安息香酸最早是通过加热安息香得到的，而苯又来自安息香酸，所以米切利希就管苯叫"Benzin"（苯现在的通用英文名则是 benzene）。后来，我国的化学家在翻译这个名字时，再次采用了具有中文特色的造字法，也就是在与"ben"同音的"本"字上加个草字头，造出汉字"苯"，表明它和其他一些含苯环的有机物都有香草一般的芬芳气味。

苯环是非常有特色的分子骨架，它本身就有较大的活性。即使保持苯环结构不变，连在苯环碳原子上的氢原子或其他基团也能很容易地拆下来或安上去。这样活跃的化学反应能力，当然让含苯环的有机物很适合作为生命活动的基础。更不用说，苯环形成的独特六角平面结构还能让原料分子产生特异的形状，方便流水线上负责加工这些原料的工人通过"摸索"准确识别出需要加工的位点。

不幸的是，正是因为苯环较高的活性，让苯成了证据非常确凿的毒物和强致癌物。由于苯和甲醛一样，也是重要的化工原料，所以它同样是居室中常见的污染物。具体来说，苯本身可能没什么毒，很温和，但它不是人体想要利用的物质；当它被摄入人体、扩散到全身之后，便会引起体内负责处理外来陌生有机分子的特殊酶分子的注意。在这些酶的操作下，苯的分子里很容易被塞进几个氧原子。通常来说，这种做法可以破坏一般外来分子中的有害基团，降低它们的毒性，但对苯来说，反而是越被破坏毒性越大。最终引发人体中毒和致癌的恰恰就是苯的某些加氧代谢产物，比如苯酚、邻苯二酚、对苯醌等（"酚"实际上就是一类羟基直接连在苯环上的有机物）。有趣的是，这些物质如果直接从体外摄入，而不是在体内通过苯产生，并不会产生那么大的危害，因为人体不会给它们扩散到全身的机会。

苯分子加氧原子后变得更毒，其实很难算是生命化工厂的失误。在自然界中，苯是极难遇到的物质，生物自然不会主动浪费物质和能量去建

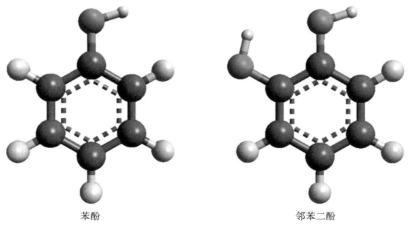

苯酚   邻苯二酚

图 4.7 苯酚和邻苯二酚的分子结构模型
虚线是分子中苯环的位置。

一条专门对苯进行无害化处理的流水线。只是到了人类崛起以后，环境中才出现较多的苯，所以它和很多含卤素有机物一样，也是人类活动新创造的毒物。在许多生物看来，苯环在多数情况下还是一个有用的好结构，难怪地球生命的祖先要花费很大精力专门组建一条从糖类生产苯环的复杂的流水线，并沿用至今，这就是莽草酸途径〔莽草酸是这条流水线上最重要的半成品，因最早从日本莽草（*Illicium anisatum*）中分离而得名〕。

简单说来，在这条专门的流水线上，组装苯环的关键一步是改造一个含有碳链的化合物，把其中的 6 个碳原子首尾连成环状，创造出至关重要的纯粹的 6 原子碳环。负责这个环节的工人是 3-脱氢奎尼酸合酶，简称"DHQ 合酶"。为了便于记住 DHQ 合酶这个名字，不妨用"打哈欠"称呼它。与卡尔文循环中的"鲁比斯科"类似，"打哈欠"是这条复杂的流水线的技术骨干和灵魂。它通过娴熟而敏捷的技艺制造出含有 6 原子碳环的化合物，接下来的工艺就顺理成章了——在保住这个碳环的前提下，把这 6 个碳原子上连接的基团逐一拿掉，都只留下一个氢原子，最后就造出了苯环。

话说得这么简单，但仔细看这条流水线上各步的具体工艺，其中还是有些令人惊叹的技巧。比如有一步是从分支酸合成预苯酸，操作这一步的是绰号为"聪明"的工人（CM，为分支酸变位酶的英文缩写），手法就像变魔术——只见它好像是从分支酸分子上揪下一块基团，扔到空中翻了个身，再立即接住它往分子另一个位置一接，预苯酸就生产出来了。"预苯酸"这名字表示苯环的出现已经可以预期了。果然，接下来用不了几步，两种最重要的含苯环的化合物——苯丙氨酸和酪氨酸就顺利地从流水线末端造出。接下来，生物体内很多极为重要的含苯环的化合物都要用这两种氨基酸作为原料来制造。

莽草酸途径在动物体内完全不存在，这让苯丙氨酸对很多动物（包括人类）来说成了一种必需的营养物质，只能从食物中获取，就像人类和猿猴失去了合成维生素 C 的能力，也只能从植物性食物中获取一样。不过，我们只要稍微想一想，就能理解这些动物的选择——它们对含有

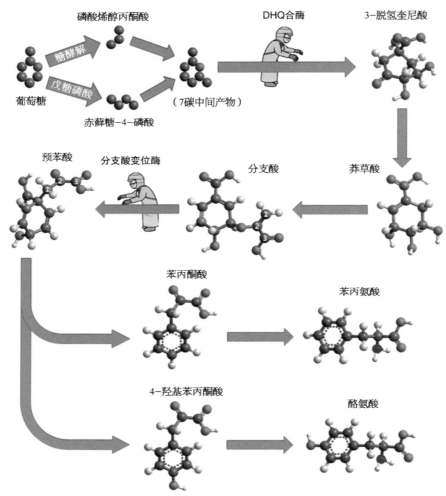

图 4.8 莽草酸途径主要步骤简图

本图重点凸显 DHQ 合酶和分支酸变位酶（CM）的作用。为求简明，从葡萄糖到 3-脱氢奎
尼酸（DHQ）的中间产物仅表示出其中的碳链。从 3-脱氢奎尼酸开始，流水线上的中间产物
都拥有 6 原子碳环。分支酸和预苯酸分子各有 3 个碳原子标出了序号，表明彼此的对应关系。
有关这条流水线的更多信息，参见第 7 章正文和图 7.8 "莽草酸途径完整步骤简图"。

苯环的有机物的需求量不太大，既然光靠食物就能满足，何必还要费劲
养着"打哈欠"和"聪明"这些工人呢？

　　植物就不一样了，这条流水线非常重要。一来，它们大多需要自力
更生制造养分，不会偷其他生物的现成养分。二来，它们对苯环的需求

实在太大了，合成的苯丙氨酸和酪氨酸大部分并不是用来制造蛋白质，而是用来合成另一种植物特有的重要物质。这种物质——你应该已经猜到了——就是木质素。

4.4 木质素—— 一次性建筑材料的合成

木质素分子虽然"体型"庞大，但和其他生物大分子一样，也是由简单的化合物拼接而成的聚合体。

植物用来合成木质素的单体（即能形成聚合体的单一分子）主要有 3 种。它们和木质素一样，都是只有植物才会大量合成的物质，无怪乎它们的名字都以植物来命名：一是对香豆醇，名字来自南美洲的香料植物香豆（*Dipteryx odorata*）；二是松柏醇，名字来自裸子植物中的松柏类；三是芥子醇，名字来自香料植物白芥（*Sinapis alba*）。以苯丙氨酸或酪氨酸为原料，只要经过几步反应，就可以合成出这 3 种木质素的单体。

然而，这 3 种作为木质素原料的化合物就像那些苯的加氧代谢产物一样，对细胞都有毒性。植物把它们生产出来之后，必须先在它们的分子上再连一个葡萄糖分子。加上这个葡萄糖分子之后，木质素单体的毒

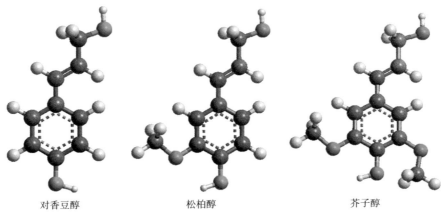

对香豆醇 　　　　　　　　　松柏醇 　　　　　　　　　芥子醇

图 4.9 对香豆醇、松柏醇和芥子醇的分子结构模型
这 3 种用于合成木质素的单体的结构相似，区别在于苯环上究竟是 1 条还是 2 条侧链。

性大为降低，而且更容易溶解在细胞液中。植物只有把它们运送到细胞膜外面（也就是细胞壁所在位置），才把这个葡萄糖分子收回。

现在，一场小型"玩火游戏"开始了。在细胞壁这个远离植物生命活动中心的地方，一些工人利用空气中的氧气，把木质素单体加工成大型自由基。我们已经知道，作为残缺的分子，自由基有疯狂的攻击性。这些木质素单体自由基会攻击细胞壁中的纤维素等分子，更会彼此攻击。最后，木质素单体相互交联、纠缠，形成复杂、无规律的大型网格状分子，然后又和纤维素等分子连在一起。这使植物的细胞壁变得更刚韧，更不透水、不透气了。

说实在的，在植物看来，纤维素和木质素就是一次性建筑材料，一旦构建出来就没再准备回收利用。植物体内缺乏分解纤维素的工人，更没有分解木质素的工人。一个细胞一旦拥有了由纤维素和木质素等物质构成、厚实的次生壁，它只能在这重重囚禁之中静静地等待死亡了。

人身上的死细胞是不会长久存在的。人体内的细胞一旦死亡，马上就会被处理掉，比如被血液中清理废物的白细胞吞掉。人皮肤表面的细胞死亡之后，倒是会继续附着在下面的活细胞之上，形成角质层保护活细胞。然而，这些角质细胞会在外力的作用下不断脱落；如果它们一直不脱落，就会在皮肤表面形成厚厚的垢污，让讲卫生的人看了都皱眉头。

植物细胞的死亡与动物细胞不同。以树木为例，在粗壮的树干中，实际上只有树皮以下不深处的一个薄圈层是活组织。这个薄圈层叫"形成层"，不断进行细胞分裂，新生成的细胞向外形成韧皮部，其中含有运送养分的筛管；向内形成木质部，其中含有运送水分的导管。

每一年，树木都会在生长季形成新的韧皮部和新的木质部。在此过程中，老的韧皮部不断被挤向外侧，其中的细胞最后死掉、干枯、开裂，成为剥落性的树皮，它就像人类皮肤的角质层一样保护着内部的活组织。与此同时，老的木质部则不断被包裹进树干内部，其中的细胞最后因为养分、水分和空气的断绝而死掉。这一部分死组织无法像树皮那

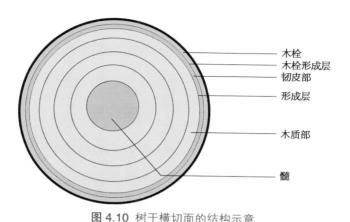

图 4.10 树干横切面的结构示意

韧皮部有一圈木栓形成层，向外形成不透水的木栓，保护下面的组织。

样通过自然的剥落离开植物体，在正常情况下，它们会在树干里面长期存在。

面对必须把一大堆死组织簇拥在中心的现实，植物决定把它们利用起来。在运送水分的维管周围，有一些细胞在刚分裂出来不久就快速积累起富含木质素的次生壁，最后和旁边的维管细胞一起死亡。它们共同组成坚硬牢固的木纤维，起到支撑树干的作用。正是因为有木纤维这样的死亡组织构成的坚实木材，树木才能长到几米、几十米甚至一百多米高。此外，一些树木还会制造一些分泌物，把老的木质部中已经不再使用的输水维管都填塞起来，这不仅让木材更为厚重，而且为红木之类的名贵木材赋予了独特的深红色泽。

曾经有人说过类似这样励志的话：人的生活方式有两种，第一种方式是像草一样活着，第二种方式是像树一样活着。说这话的人，当然希望大家都像树一样活着。然而，如果抬个杠的话，人无论是像草一样活，还是像树一样活，都挺可怕的。就拿上面介绍的木材形成过程来说吧，树木把大量的死亡组织留在体内，靠它们的力量来支撑树冠，就好比一个人一直不洗澡，身体表面的死皮一层层积累成很厚很厚的硬痂，最后这个人身体不用出力，光靠这些厚厚的死皮就能站在地上……

在序章中我们已经讲过，植物需要为古生代石炭纪—二叠纪期间的卡鲁冰期负责。在这里我们可以把这个故事讲得更详细一点。当时随着大气中氧含量不断上升，植物可以越来越方便地用氧气来处理木质素单体，让它们形成木质素。于是，一场拔高的竞赛就开始了——有些植物越长越高，最后在陆地上形成了茂密的森林。与此同时，虽然两栖类也一直在陆地上生存，但它们却全然没有吃过这些森林中的植物——更准确地说，它们实在是没有消化纤维素和木质素的本领，即使想吃也无能为力。植物就这样把空气中的碳大量固定在纤维素、木质素等有机物里面，而随着植物的死亡，这些有机物一层层地沉积到地下。

相比于木质素，纤维素是结构更规整的化合物。规整意味着好处理，所以死亡的植物中的纤维素大多被微生物分解。但是对于木质素这种在制造的时候就处于失控状态（设想一下木质素单体自由基互相疯狂攻击的场景吧！）的物质，它的结构杂乱无章，又和其他分子纠缠在一起，利用起来难度实在太大。据真菌学家分析，在石炭纪—二叠纪的时候，能分解木质素的真菌还不存在，于是这种植物制造的一次性材料完全成了不可降解的废物，就这样不断被深深埋藏在地底。

随着埋藏深度增加，周围的压力越来越高。在大自然本身的威力之下，木质素才继续发生化学变化，其中的氧原子不断拉着氢原子以水的形式逃掉（就像蔗糖遇到浓硫酸的情况一样），剩下的只由碳构成的苯环则不断并合在一起，逐渐连接成大片大片的蜂窝状结构——这样就形成了煤。当大量的煤把碳禁锢在地底之后，空气中的二氧化碳含量减少，温室效应减轻，地球的气温就不断下降，最终进入大冰期。

不过，在这场冰期正盛的时候，能降解木质素并以这种丰富的"废物"为生的真菌终于演化出来，随后逐渐扩散到全球。有了这类真菌，植物制造的木质素才得以在埋入地底之前被消耗掉一大部分。自那之后，地球上就不容易出现因为植物固定了太多的碳而导致的大冰期了（但煤层也不容易大规模形成了）。难怪有生物学家认为，是真菌拯救了全世界。尽管如此，木质素至今仍然是最难降解的生物质之一；土壤中那些颜色深黑、成分复杂的腐殖质，主要就是木质素被初步降解之后的残余物质。

到了 2.5 亿年前的中生代三叠纪，大型食草爬行类——食草恐龙——也大规模出现了。然而，无论是这些食草的古老爬行类，还是后来在新生代出现的马、牛、羊、兔等食草哺乳类，自己仍然没有分解纤维素和木质素的能力。它们只能依靠消化道中的细菌、古菌、真菌和其他微生物来消化纤维素，由此获取养分和能量。由于微生物也处理不了木质素，所以这些大型食草动物只能以树叶、草等木质素含量较少的植物部位为食。

人类只是在肠道靠近末端的部位才有一些能分解纤维素的细菌，但它们根本不足以制造人体所需的大量可吸收的养分。所以，我们无法吃草，只能吃植物合成的淀粉和简单糖类。然而我们毕竟是智慧生物，在我们手中，淀粉、纤维素和木质素都有了广泛的用途。

4.5 不生不灭，循环不息——碳元素的循环

说到淀粉的用途，首先当然还是与吃有关。自从 1.2 万年前人类进入农业时代、开始主要依赖谷物和根茎类作物为生之后，淀粉就成了农业社会中人们主要的养分和能量来源。当然，现代人类毕竟是在长期素食的基础上演化而成的杂食动物，过度依赖淀粉而蛋白质不足的食谱容易让人营养不良，不仅导致体格瘦弱，而且会影响智力发育。如今，人类学家基本同意，早期的农业社会在健康状况上明显不如邻近的狩猎—采集社会，因为后者的食谱中有许多动物性食物，营养比较均衡。不过，农业社会的好处是可以通过人为控制的方式更稳定地生产更多的食物（哪怕是低品质的食物），从而养活更多的人（哪怕是平均健康状况不够好的人）。至少在古代，人口越多的族群，一般也越容易在生存竞争中胜过人口较少的族群，从而让他们的文化一直存续下来。

我国作为农业大国和人口大国，淀粉类食物长期在饮食中占据主要地位。一顿饭如果不吃上一大碗米饭或面条，或连吃几个馒头，似乎就

不是吃饭。就连炒菜，常常也要拿精制的纯淀粉进行勾芡，把汤汁收浓一些。然而，在营养已经过剩的今天，这样的饮食结构也给国人的健康带来很大问题。虽然我们的人均糖摄入量远不如美国等西方人群，肥胖率却越来越高。与此同时，由于过剩的能量导致人体内出现过量活性氧和自由基，引起分子、细胞和组织氧化损伤（所谓"氧化应激"），慢性病发病率也因此不断上升。

除了用于吃，淀粉在工业和建筑业上也很有用途。它可以用来做胶黏剂，足以对付纸张、塑料袋等日常生活中的物品。"糨糊"（俗作"浆糊"）这两个字都以"米"为左偏旁，正说明我国古代的糨糊大多以米（或面粉）制成。在工业上，淀粉糨糊被大量用于瓦楞纸的制造，既便宜又有效。淀粉还可以用来给衣服的领子、袖口上浆，让它们硬而挺括。

纤维素的用途就更大了。食物中的纤维素吃到肚子里虽然不能被消化，却对肠道活动和肠道菌群的生息有重要影响，而这些菌群的活动又从方方面面影响着人体健康。因此，包括纤维素、木质素等物质在内的膳食纤维现在被列为第七大类营养物质，对它们的研究方兴未艾。

自古以来，人们就利用一些植物制造的富含纤维素的纤维来纺线织布。这些高强度纤维存在于很多植物的茎和枝条的韧皮部中，它们的本来用途是支撑植物体。这些植物在汉语中统称为"麻"。古代中国人应用的主要是大麻（*Cannabis sativa*），但不幸的是，这种植物现在更知名的身份是毒品植物，而古代欧洲人长期应用亚麻（*Linum usitatissimum*）。尽管麻类作物种类很多，栽培历史悠久，但最终是多种棉花后来居上，成为世界上栽培最广的纤维作物。与麻类不同，棉花纤维不是来自茎和枝条，而是来自种子表面的毛。这些毛的本来用途是帮助种子传播，让它们在空中随风飘飞很长的距离之后再落地，现在却大量被人类采集，制成各种织物。

用化学试剂处理纤维素可以得到一些衍生产物，比如用浓硫酸和浓硝酸的混合物处理纤维素就得到硝化纤维素。处理程度较深的硝化纤维素易于爆炸，而且烧得非常干净、完全，不会像黑火药那样产生大量烟雾，所以能制成无烟火药，用作枪弹的发射药。处理程度较浅的硝化纤维素不易爆炸，在过去曾经用来制造一种塑料——赛璐珞，大量用来制作电影胶片。但赛璐珞仍然易于燃烧，很不安全，如今的应用已经比较有限。尽管如此，它在日常生活中仍然挺常见，比如很多乒乓球就是用赛璐珞做的。

然而，说到纤维素在工业上的最大用途，那当然是造纸。东汉时期被发明出来的纸，至今仍然是人类知识最重要的载体之一。它不仅贵为我国的"四大发明"之一，而且深刻地改变了世界历史的进程。因为在造纸过程中要加入少量淀粉，人类对纸张的极大需求竟然使造纸成为淀粉最大的非食用用途。

与淀粉和纤维素相比，木质素总是和其他物质混在一起，不易提纯。然而，人们在利用它的时候，本来也无须提纯。木材和竹材之所以具有很高的强度，正是因为其中的木质素分子彼此紧密关联，它们与纤维素等其他分子也牢固地纠缠在一起。自古以来，木材和竹材就是人类在生产和生活中广泛应用的天然材料。我们只需看看一些汉字——梁、桌、床和柴都有"木"字底，笔、篮、筒和管都有"竹"字头——就足以知道它们对我国文化有多重要了。话又说回来，如果伦敦老城不是大量用木材建造房屋的话，就不会有 1666 年 9 月那场大火了，或至少不会烧得那样严重。即使在今天，木材和竹材的很多用途（造车、造船、造桥等）虽然已经被其他材料取代，但它们仍然在我们的现实生活中占据不可或缺的位置。比如说，很多人至今仍然以拥有一套名贵的木质家具（比如红木家具）为荣，结果让热带地区的不少森林遭了殃。

就连在地底埋藏了几千万年甚至几亿年、压变了形的木质素——煤，也被人们开采出来。它先是在 18 世纪被大量用作燃料和冶炼钢铁的原料，由此在英国催生了第一次工业革命，把人类社会从农业时代带进了工业时代。到了 19 世纪，它又成为重要的化工原料，支撑起了煤化工这样一个庞大的体系。更不用说在 19 世纪末，随着人类对电力的需求不断增长，它还成为火力发电厂的重要燃料，把蕴含在其中的能量源源不断地转化为电能。虽然煤的燃烧往往会产生二氧化硫、氮氧化物之类的污染物，影响空气质量，因此常遭诟病，但考虑到它在地球上的丰富储量和重要用途，在未来很长一段时间内，我们仍然摆脱不了对煤的依赖。

人类对煤、石油、部分天然气等生物成因的"化石燃料"的利用，也为碳元素在地球上的往复流动增加了一个额外的环节。每年，空气中都有很多二氧化碳被陆地上和海里的光合生物利用，固定在生物质中；同时各种生物通过呼吸作用和分解生物质，再释放出大量的二氧化碳。在这些生物过程发生的时候，无论是陆地上还是海洋中，又有小部分碳被土壤和深海沉积物攫取，最后紧锁在地层深处。与此同时，一部分几千万年前就已经锁在地层深处的碳，则因为受到地热的烘烤，重新通过火山活动逸出到大气中。地球之所以能够长期维持稳定的温度，在很大程度上就是因为这些碳循环步骤形成了精密的调节机制，对空气中的二氧化碳浓度实施了精准调控。但是现在，人类大量燃烧化石燃料，把长期禁闭在地底的碳提前放了出来，结果导致空气中的二氧化碳含量在很短的时间内（相对于动辄上百万年的地质年代而言）就迅速增加，引发

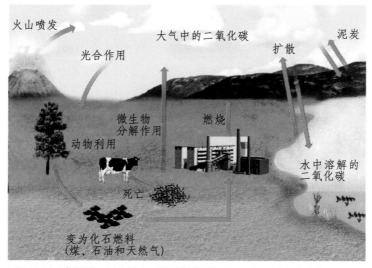

图 4.11 碳循环（图片引自《彩图科技百科全书. 第三卷，生命》，2005）

了棘手的气候变化问题。

如今，部分是为了应对石油资源不足，部分是为了避免燃烧化石燃料释放太多二氧化碳，生物燃料成了热门研究领域。很多实验室和公司都试图利用自然界中丰富的纤维素和木质素资源，用尽可能便宜的方式把它们转化为燃油。然而，到目前为止，大部分此类研究仍然处于实验阶段，这个前景广阔但尚处在初步阶段的新技术还达不到能为人类造福的水平。

不过，碳循环失衡的问题只是人类的烦恼。对地球来说，四十多亿年来，碳一直就在它的深处和表面之间进行反复流动，循环不息，无非是在不同时期有不同的循环方式罢了。对植物来说，不管环境如何变化，它们都会继续努力进行光合作用，把空气中上千亿吨的碳利用起来，再把其中 40% 的碳转化为纤维素，把 20% 的碳转化为木质素。

第 5 章

植物的一天

5.1　我们是"外星人"？——碱基的起源

我们已经用了 3 章的篇幅，介绍了植物在氧气充沛的环境中如何利用氧气来进行生命活动最基本的呼吸作用，以及如何为了获取呼吸作用所需的养分和构建植物体的材料进行光合作用。除了已经讲过的那些含氧有机物（柠檬酸、糖类等），植物体内还有一类大规模合成的含氧有机物——脂质。不过，我们不妨暂时跳过它，先来看一下有机物中仅次于碳、氢和氧的第四大元素——氮。

对于地球生命来说，虽然像柠檬酸循环这样的化学反应是生命活动核心的核心，但还不是生命的本质。换句话说，生命化工厂的运行虽然需要这些流水线，但它们如此昼夜不停地开动，实际上都是用来服务于一个根本"目的"。当然，这是拟人的说法，并不是说除人之外的生命真的有什么复杂的意识，可以有意地追求某个目标；所谓"目的"，说得准确点，其实是让生命得以生生不息的根本机制。

那么这个根本机制——也就是生命的本质——是什么呢？是复制自己！

具体来说，虽然柠檬酸循环本身还不是生命，但假如有一种分子，可以借助柠檬酸循环之类的反应提供的能量复制自己，数量不断增加，那这种分子就成了最原始的生命。假如这种分子能进一步把柠檬酸循环之类生命活动必需的化学反应的技术操作方法用专门的代码写成说明书，存储在自己的结构中，这样它就可以拿着这些说明书主动制造出相关的流水线，为自身的复制服务，那它就成了成熟而完备的生命。说白了，在生命化工厂中，一定会有一个老板在操控着所有流水线的运转，为自己的利益服务。对于地球生命来说，这种当上老板的幸运分子是一类含氮的化合物——核酸。

核酸可以分成两种——核糖核酸（英文缩写为 RNA）和脱氧核糖核酸（英文缩写为 DNA）。这两个名字念起来有点冗长、拗口，所以即使在讲汉语、写中文的时候，人们还是习惯用英文缩写。DNA 是所有细胞生物和一部分病毒的遗传信息（也就是化学反应流水线建造的说明书）载体，而 RNA 是另一部分病毒的遗传信息载体。

两种核酸的分子很大，但都是由 3 类基础的小分子作为结构单元组合而成的，这就像淀粉和纤维素的分子虽然很大，但都是由葡萄糖单元组装而成一样。这 3 类基础小分子中，一类是磷酸，另一类是分子中含 5 个碳原子的糖（对 RNA 来说是核糖，对 DNA 来说是脱氧核糖），这两类结构单元交替连接，形成长长的链；第三类是碱基，这是一些在水

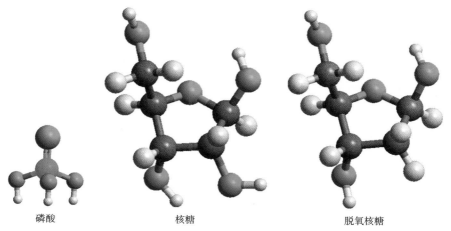

磷酸   核糖   脱氧核糖

图 5.1 构成核酸的磷酸、核糖和脱氧核糖分子模型

图中用紫色圆球表示磷原子。核糖和脱氧核糖的唯一区别是核糖在右下角的碳原子上连着一个羟基，而脱氧核糖在这个地方只有一个氢原子（已经脱去一个氧原子）。

溶液中略呈碱性的含氮化合物。每个五碳糖单元除了参与构成长链，还在专门位置连有一个碱基单元。核酸分子存储遗传信息的能力和复制自身的能力正是取决于这些碱基单元。

碱基分子的名称都带有强烈的化学风味——鸟嘌呤（guanine，简称 G）、腺嘌呤（adenine，简称 A）、胞嘧啶（cytosine，简称 C）、胸腺嘧啶（thymine，简称 T）、尿嘧啶（uracil，简称 U）。正确把"嘌呤"和"嘧啶"念出来倒不难，只要知道这些带"口"字旁的字念右半边就行了。至于"嘌呤"和"嘧啶"前面的字样，则大多提示这些化合物最初被发现时的来源：鸟嘌呤来自鸟粪（幸好没有叫"鸟粪嘌呤"）；腺嘌呤来自牛的胰腺；胞嘧啶来自细胞；胸腺嘧啶来自胸腺；尿嘧啶是唯一的例外，它并不是最初从尿中提取，而是它的分子中有类似尿素的结构。当然，考虑到这些名字的拗口性，通常还是称呼它们的单字母简称方便。

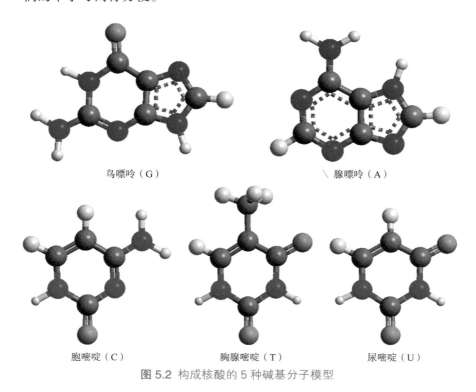

鸟嘌呤（G）　　　　　　　　　　　　　＼腺嘌呤（A）

胞嘧啶（C）　　　　　胸腺嘧啶（T）　　　　　尿嘧啶（U）

图 5.2 构成核酸的 5 种碱基分子模型

　　碱基分子的结构乍一看很复杂，仔细看都是环形化合物：嘧啶类只有单环，嘌呤类是两个环并合在一起，共享一条边；无论单环还是双环，每个环里必定杂有两个氮原子。前面已经说过，苯环中相间排列的单键和双键让这个 6 原子碳环形成平面正六边形结构。出于同样的化学原理，碱基分子中的大量双键——不管是环里的碳碳双键、碳氮双键，还是碳与环外的氧组成的碳氧双键——也保证了环中的原子都处在同一个平面上。

　　这个平面结构对于碱基有重要意义，因为它可以让碱基单元之间通过一种叫"氢键"的微弱吸引力形成"嘌呤—嘧啶"配对关系。RNA有 5 种碱基中的 4 种（没有 T），其中的 G 和 C 配对、A 和 U 配对；DNA 也只有 4 种碱基，有 T 而无 U，所以它的配对关系是 G 和 C 配对、A 和 T 配对。DNA 分子中 4 种碱基的配对关系是当时年轻的美国学者沃森（J. D. Watson）和英国学者克里克（F. H. C. Crick）在 1953年 4 月 25 日发表于英国《自然》杂志上的一篇短文中正式公布的。这篇里程碑式的论文标志着分子生物学的正式创立，而这两位学者也成了分子生物学的奠基人。在这篇只有一页多一点的短文快结尾时，两位作者故意用一种一本正经的矜持语调写道："我们并非没有注意，我们推断的这种特别的配对关系立即暗示了遗传物质的一种可能的复制机制。"事实上，凡是看到这篇文章的人，都马上对生命复制遗传信息的具体过程恍然大悟——原来是通过碱基的配对关系复制的啊！

　　尽管 RNA 和 DNA 都只有 4 种碱基，但这些碱基就像 4 个字母一样，通过反复的排列组合，就写成了一本遗传信息"天书"。当然，以人类文章的标准来看，这本"天书"可以说写得非常差劲，不仅经常前言不搭后语，而且还总是掺杂着大量无意义的废话。不过，生命化工厂的老板已经习惯了这种说明书，懒得花大力气去修订和精简；通过特别的阅读技巧，它仍然能获得必要的信息，快速搭建好流水线，把整个化工厂开动起来。

　　那么，为什么会是这些含氮的碱基分子最终成为地球生命复制自身

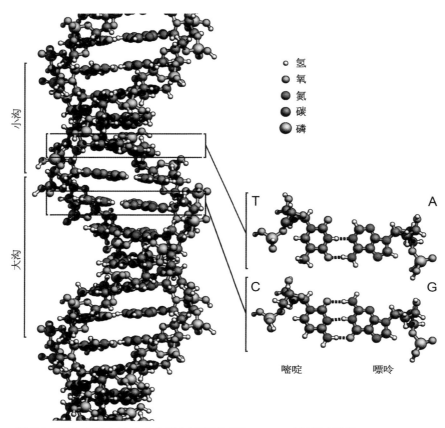

图 5.3 DNA 的基本结构（片段）（据维基百科 Zephyris 所绘图片译制，CC BY-SA 3.0）

的基础，而不是别的分子呢？这个答案看起来挺简单，但可能出乎许多人的意料：别看它们结构比较复杂，其实很容易形成，而且最初很可能不全是在地球表面形成的，有相当一部分是在太空中形成的。

这又把我们带回了诞生太阳的那片分子星云。这片被前代恒星制造的重元素"污染"过的星云不仅有碳和氧，还有氮。这些元素可以在冰冷的星云中自发组成复杂的平面环形化合物，然后在宇宙射线的辐射下，这些平面环形化合物又能继续转化为包括碱基分子在内的其他化合物。

地球形成之后，先后撞击过它的小行星和彗星除了带来甲烷、氨和水，很可能也带来大量的碱基分子。碱基分子在原始海洋中逐渐聚集、浓缩，最后和其他小分子一起组成有自我复制能力的大分子。一旦以碱基为遗传信息字母的生命在地球上抢先发展起来，其他分子也就不会再有机会了。

地球生命来自外太空，这种在历史上叫作"胚种论"的假说曾经遭到了很多嘲笑，因为它只是把生命的由来从地球挪到了太空中，以为这样就可以回避讨论生命起源的根本问题。然而，当代的天文学发现却让这种"胚种论"在一定程度上复活了，而且为它补上了逻辑中最大的缺失部分——碱基分子是可以在广袤的宇宙环境中生成的！碱基分子虽然还远不是生命，却为生命的诞生提供了一个方便的物质基础。

5.2 自尊自爱的"新企业家"——DNA 如何与蛋白质联手

如果你喜欢看外国企业史，肯定会熟悉这样的局面：一个强人创立了一家企业，通过一段时间的积极进取把它发展壮大，然后他或他的继任者把亲信安插到各个部门，这在有助于管理顺畅的同时，也慢慢地形成一个利益攸关的派系。后来，当这个派系的人接连担任了几个核心高管之后，这群人的问题与日俱增且越来越暴露，企业内部不满的人也越来越多。再后，一个有能力的员工愤而出走，另建竞争力更强的新企业。借助更好的管理体制，新企业逐渐压过了老企业，竟然迫使老企业破产，或将它直接收购。最后，老企业里原先那些身居高位的人，只好去为新企业家打工……

有趣的是，早期地球生命也曾经历过一次类似的"企业更替"。如今，所有细胞生物都以 DNA 为遗传物质的载体，但多数生物学家相信，在这之前曾经有一个"RNA 世界"。那时候，RNA 才是遗传物质的载体，它们构成的"派系"牢牢主宰着整个生命世界，到处都是这一派的人开设的化工厂。

如前所述，生命活动流水线上的绝大多数环节都需要专门负责操作的工人——催化剂。没有催化剂的协助，相关的生化反应常常很难完成。然而，在生命诞生初期，根本没有那么多现成的催化剂。也就是说，刚刚白手起家的生命化工厂的老板根本找不到那么多工人。它们就像很多小作坊主一样，自力更生，自己操作流水线，为自己打工。

RNA 就是这样一种为自己打工的小老板。RNA 分子具有一定催化能力，特别是在和一些辅助性物质（如维生素 B_1）结合的时候。因此，原始的 RNA 生命即便没有专门的流水线工人，自己也能把小化工厂运转起来。

但是，就和所有盈利之后想要扩大生产规模的工厂老板一样，RNA 慢慢觉得力不从心。它再多才多艺，也不可能操作所有流水线。这时候，它开始慢慢去培育专门的流水线工人兼组装者——酶。前几章已经提到几个这样的流水线工人——胃蛋白酶、"鲁比斯科"（RuBisCO）、"打哈欠"（DHQ 合酶）、"聪明"（CM）。

酶的化学本质是有催化功能的蛋白质。蛋白质是除核酸外的另一大类含氮化合物，它们的分子也很大、很复杂。与其他生物大分子类似，蛋白质也是由小分子的单元组成的，这种小分子组件叫氨基酸。构成蛋白质的基本氨基酸多达 20 种，它们都有基本相似的分子结构——分子中有一个特别的碳原子，其上连接了四个原子或基团，其中一个是氢原子，一个是羧基，一个是氨基，第四个就五花八门了。氨基是一个氮原子和两个氢原子形成的基团，但因为氮有三份"结合力"，所以其中的氮原子还剩一份"结合力"。只有一种氨基酸不太符合这个规律：脯氨酸的第四个基团弯曲起来与氨基连在一起，结果形成了一个含氮的杂环，羧基便直接连在杂环里与氮原子相邻的碳原子上。

对研究生物化学的学者来说，记住这些基本氨基酸的名字和缩写是基本功。尽管有种种助记口诀，从词源入手大概是最深刻、最能让人牢记的方法。限于篇幅，我们在这里只讲与植物有关的五个氨基酸的词源：谷氨酸和谷氨酰胺来自一些谷物中的特殊蛋白质——麸质，因而得名；缬氨酸来自缬草（*Valeriana officinalis*）；天冬氨酸和天冬酰胺来自俗称"芦笋"的石刁柏（*Asparagus officinalis*），这种植物属于天门冬科

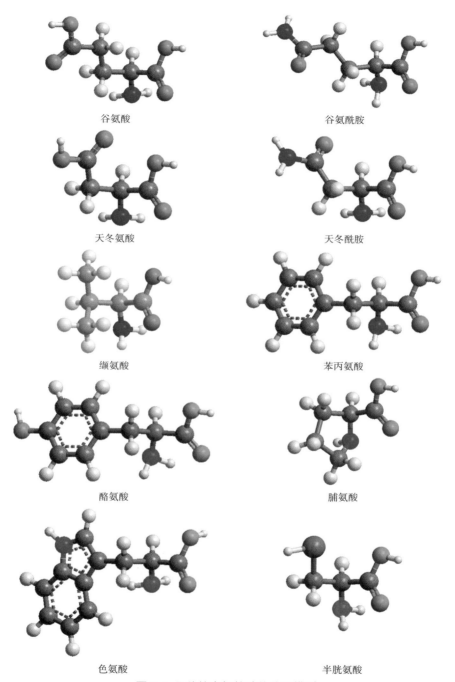

谷氨酸

谷氨酰胺

天冬氨酸

天冬酰胺

缬氨酸

苯丙氨酸

酪氨酸

脯氨酸

色氨酸

半胱氨酸

图 5.4 几种基本氨基酸的分子模型
从图中不难发现第 3 章介绍过的氨基酸共有的结构。其中，半胱氨酸含有硫原子（以深黄色圆球表示）。

天门冬属（*Asparagus*），而"天冬"正是"天门冬"的简称（如果当初译为"芦笋氨酸"和"芦笋酰胺"或许会更好记一些）。

就像葡萄糖分子连成链状的淀粉和纤维素，磷酸、五碳糖和碱基的构成单元连成链状的核酸一样，氨基酸分子连成链状就形成多肽；一个或几个链状的多肽分子再构成蛋白质。对多肽上相邻的两个氨基酸分子来说，前一个需要从羧基中脱掉一个羟基，后一个需要从氨基中脱掉一个氢原子（也就是合计脱去一分子水），它们才能连在一起。当许多氨基酸分子以这样的方式顺次连接成多肽之后，就形成了一条以"氮—碳—碳"为单位、不断重复的链状骨架。

就是这种由链状的多肽构成的蛋白质，在地球上最初是以优秀的生化反应催化剂、娴熟的流水线工人——酶的面貌出现的。在核酸的培养和引导之下，酶的技能越来越娴熟，而且通常技术非常专一，一种酶只负责一道工序，别的工序或技艺它基本不会，也不想管，而这样专一、高效的催化剂正是 RNA 小老板想要雇佣的工人。后来，蛋白质的种类越来越多，其中一些种类也可以发挥其他功能，比如可以作为种子中的能量储备，作为监控光、味道、气味等感官信息的受体，作为在不同流水线之间通风报信的信号分子，或是作为搭建生物体结构的建筑材料。

那么，为什么由氨基酸构成的蛋白质会有这样专一、高效的催化性能呢？这个奥秘其实与氮有关。当相邻两个氨基酸连接在一起时，前一个氨基酸的羧基还剩一个碳原子和一个氧原子，后一个氨基酸的氨基还剩一个氮原子和一个氢原子，这 4 个不同的原子（正好分属有机物中最常见的 4

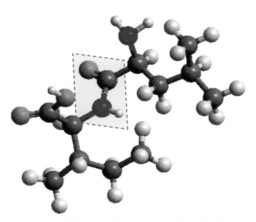

图 5.5　由亮氨酸（右上）和异亮氨酸（左下）基团组成的二肽

图中虚线所框为肽键。

种元素）共同组成的特殊结构有一个专门的名字——肽键。

由于氮元素特殊的化学性质，肽键中的 4 个原子常常处在同一个平面上，形成一种折线状造型；在地球表面的中温低压环境中，这种造型比较稳定，不易变化。正因为肽键能长久保持折线状造型，整个蛋白质分子的造型在中温低压环境中也能保持稳定。这种造型的稳定性（又称刚性）是让蛋白质能一直发挥催化功能的前提之一。

不仅如此，构成蛋白质的所有基本氨基酸都拥有第四基团，这些五花八门的基团彼此可以产生相互作用，要么互相吸引，要么互相排斥。在第四基团的协助下，只要肽链中的氨基酸顺序确定下来，它就可以自发折叠成特定的稳定造型，哪儿呈螺旋状，哪儿呈折扇状，哪儿形成转角，都明确无误；如果氨基酸顺序不同，肽链折叠出来的造型也不同。

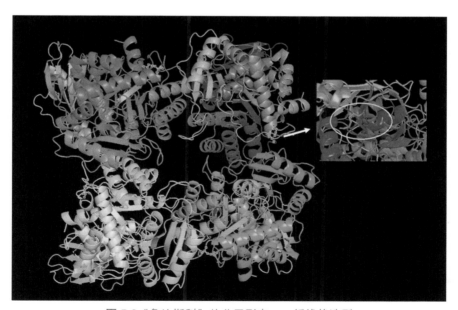

图 5.6 "鲁比斯科" 的分子形态——折线状造型

"鲁比斯科"（RuBisCO，即核酮糖–1,5–双磷酸羧化酶／加氧酶）的分子很庞大，由 4 个部分构成。左边的大图用粉红色点标出的就是它的 "手"——催化反应的活性部位。右边的小图是其中一只 "手" 的局部特写。如果把蛋白质中的每个原子都画出来，图像会变得极为复杂而看不清楚，这完全没有必要，在生物化学领域通常就用简画法，即以弯曲或折叠的绫带和细线表示由氨基酸串成的肽链。（图片引自 "维基百科 Ericlin1337"，CC BY-SA 4.0）

因为 20 种基本氨基酸可以组成数量极为庞大的序列，让蛋白质分子形成不计其数的特异造型，其中总会有一些蛋白质在分子的某个部位恰好形成一个特定的形状，可以"抓"住某种有机物分子，然后促使它发生化学变化。所以，为什么各种酶的催化性能那么专一？这是因为这些"流水线工人"各有专门的"手"，可以牢牢抓取它们负责的工序中的那些特定的原料分子。有的酶更是特意在"手"上佩戴一些特别的工具，比如维生素之类的小分子，或铁、锰之类的金属原子，这样就能更顺畅地抓住目标分子了。

RNA 小老板一边慢慢培养蛋白质工人，一边把这些蛋白质的氨基酸序列结构以 4 个碱基作为"字母"写在自己的身体上，通过复制自身代代相传。在需要的时候，只要照着这些由碱基记录的序列把氨基酸逐一拼合起来，形成的链状多肽就会自动折叠，最终形成蛋白质。在坚持唯物主义信念、知道生命世界实际上并无灵魂的前提下，我们不妨借这个"灵魂"的概念把这个比方打下去——把 RNA 中的碱基序列"翻译"成蛋白质中氨基酸序列的过程，仿佛是 RNA 在召唤流水线工人的灵魂；当它把蛋白质的肉体拼出来时，蛋白质的灵魂就自动被召唤而来，最后就成了有灵有肉的工人。就这样，RNA 的化工厂便越开越大。

然而，当这个化工厂规模很大的时候，RNA 的派系就暴露出了它们严重的弱点。首先，RNA 分子中的核糖单元里，有一个羟基很不老实，喜欢攻击邻近的磷酸单元。然而，既然磷酸单元和核糖单元一起肩负着构建 RNA 分子长链的重任，它遭到破坏之后，整个长链就会在这里断裂，RNA 分子也就自我毁灭了。单元越多、长链越长，发生攻击的概率就越高。这等于说 RNA 派系的小老板有个奇怪的不良癖好——没事就喜欢拿刀自捅，捅着捅着就把自己捅死了。它自己都不存在了，它经营的化工厂只能作鸟兽散。

其次，RNA 在自我复制的过程中经常出错。本来，碱基 U 应该始终与碱基 A 配对、碱基 C 应该始终与碱基 G 配对，但碱基 U 不专一，不时就和碱基 C 抢着与碱基 G 配对，这让召唤工人的碱基序列越抄越乱。结果，这种错误百出的碱基序列只能召唤来拙劣的冒牌货，它们根本没法把流水线有效地组装起来，化工厂也开不成了。

RNA 的这些严重问题让 DNA 有了可乘之机。DNA 分子与 RNA 相比，第一个区别是用脱氧核糖代替了核糖。顾名思义，脱氧核糖分子比核糖分子少了一个氧原子，而少掉这个氧原子之后，那个"爱搞事"的羟基就不存在了，于是 DNA 分子便不再有自残的愚蠢嗜好。它们的第二个区别是 DNA 用碱基 T 代替了 RNA 的碱基 U。碱基 T 可以专一地与碱基 A 配对，保证了遗传信息不会越抄越乱。

其实，DNA 本身很可能也是 RNA 错误复制自身之后的异常产物。然而，它一旦出现，就表现出强大的优势。由 DNA 派系运营的"新企业"越来越兴旺，发展也更快，逐渐压过了 RNA 派系运营的"老企业"。最终，RNA 派系的化工厂一家接一家停工，到现在，除了少数种类的病毒外，我们已经见不到这一派系的其他化工厂了。RNA 派系的小老板倒是还在，只不过是在替 DNA 的化工厂打工罢了！

5.3　拟南芥日常——植物生理活动一瞥（上）

到这里，我们已经介绍了绝大多数生命化工厂的全貌：DNA 分子作为老板，掌握着每一座分厂（细胞）、分厂里的每一个车间（叶绿体、线粒体等结构）、车间里的每一个流水线工人（酶）和它们负责的流水线工序。为了让这套比喻更合理一些，我们再做一个设定：尽管事实上，生物体中每个细胞都有各自的一套 DNA 分子（"一套"就说明不止一个），以及数量极多的 RNA 和蛋白质分子，但我们不妨把每套 DNA 分子都理解成同一个老板的一个分身，每一种 RNA 和蛋白质也比喻成同一个雇员（因此每个分子都是这种 RNA 或蛋白质的一个分身）。

植物学家在研究植物化工厂的各种细节时，喜欢选择拟南芥（*Arabidopsis thaliana*）这种小型的 C3 草本植物作为研究材料。现在就让我们来看看，在一株生长于山谷之中的拟南芥里面，各种各样的核酸

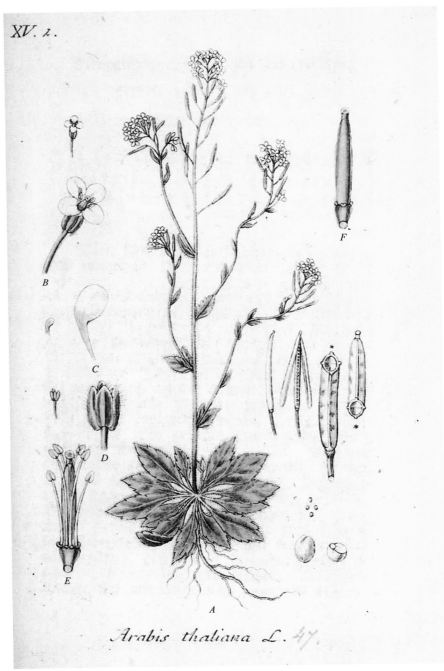

图 5.7 拟南芥（*Arabidopsis thaliana*）（公版图片）
A. 开花的植株；B. 花；C. 花瓣；D. 萼片；E. 雄蕊（4 长 2 短）；F. 雌蕊。

和蛋白质分子都在干什么。

设想这是 4 月的一个温暖的晴天。早晨不到 6 点钟，天就慢慢亮了。晨曦中的红光照进拟南芥的叶片细胞中，照在专门负责报信的工人——光敏色素身上。被这束红光一照，光敏色素便从睡梦中惊醒，然后举起"通行牌"——结合在它身上的一个磷酸基团，一路举着向 DNA 老板的大型豪宅——细胞核走去，同时还通知了别的报信工人。

在光敏色素的通报之下，另外 3 个报信工人开始换班。"陈长安"（CCA1，为节律钟相关 1 蛋白的英文缩写；相关昵称的英文全称，请参看附表"书中蛋白质昵称对照"。下同）和"林海英"（LHY，为晚伸长下胚轴蛋白的英文缩写）一起对负责值夜班的"陶克"（TOC1，为叶绿素 a，b 结合蛋白表达定时 1 蛋白的英文缩写）笑嘻嘻地说："陶兄，你可以去休息了。"于是，"陶克"打了个哈欠，说了句"又是平淡的一晚啊！"后，就不见了。与此同时，守在细胞核中的 DNA 老板在收到光敏色素、"陈长安"、"林海英"等报信工人发来的信号之后，便快速安排起整个白天的工作任务来。

同样在东方熹微之时，叶片细胞中的叶绿体车间也开始忙碌。在叶绿素 a 聚集而来的光能驱动下，光合作用的整套流水线紧张地运转着。光反应 II 系统把水分子拆成氢原子和氧原子，氧原子结合为氧气后，大部分被作为废物放掉。在氧气逸出时可能经过的地方，放置着很多维生素 C 和其他抗氧化分子；氧气分子一旦转化为疯狂的自由基，就被这些抗氧化分子消灭，这些耗材再得到源源不断的补充。

接着光反应 II 系统开动的是光反应 I 系统，它制造出 NADPH 分子。NADPH 这辆自动驾驶的载重汽车运着氢原子来到暗反应系统中的卡尔文循环流水线。一个叫"加普德赫"（GAPDH，为甘油醛-3-磷酸脱氢酶的英文缩写）的工人从车上取下氢原子，娴熟地生产出甘油醛-3-磷酸。之后，有 1/6 的甘油醛-3-磷酸被拿走，作为其他流水线的原料；另外 5/6 的甘油醛-3-磷酸则在这条复杂而分岔的环形流水线上继续进行加工，先变成 RuBP，再送到大名鼎鼎的"鲁比斯科"那里。

你已经知道，"鲁比斯科"的工作是抓取二氧化碳分子，让它和 RuBP 反应，这样就可以把空气中的碳固定到半成品 3-磷酸甘油酸里面。它又经过"加普德赫"等工人的努力，最终变回甘油醛-3-磷酸。然而，"鲁比斯科"的手一如既往地不够好使，只见它用力一抓——又错了！不是二氧化碳，而是氧气分子！但是，"鲁比斯科"照样拿氧气分子来和 RuBP 反应，结果制造出磷酸乙醇酸这种废品。没办法，只得与光合作用流水线同时开动光呼吸流水线。对于拟南芥这种 C3 植物来说，通过光呼吸流水线还能从废品中抢救回一部分碳。

再回来说从卡尔文循环流水线上拿走的那部分甘油醛-3-磷酸。其中一部分运出叶绿体车间，进入叶片细胞这个分厂的通用大厅——细胞质基质中。叶绿体车间门口有专门的搬运工蛋白质——磷酸转运体——负责这种物质的外送。它工作起来一丝不苟、有进有出，每运出一个甘油醛-3-磷酸分子，必须运进一个磷酸分子。

运进分厂通用大厅的甘油醛-3-磷酸有多种去向和用途。一些甘油醛-3-磷酸被转运到线粒体车间，通过呼吸作用流水线（其核心就是柠檬酸循环）重新变为二氧化碳和水，释放出大量能量，而化工厂运转所需的几乎全部能量都由这种线粒体车间提供。另一些甘油醛-3-磷酸很快到达生产蔗糖的流水线，在工人们的努力下变成蔗糖。

一部分新生产出的蔗糖要运送到植株最顶端的生长部位，那里急需能量和养分。这部分蔗糖又兵分两路，其中一路从叶片细胞慢慢穿过其他细胞，再到达韧皮部里负责运送养分的筛管细胞。另一路为了追求更快的速度，直接来到叶片细胞的门口，那里有专门负责把蔗糖运出细胞膜的转运工。这类转运工大概喜欢哲学，愿意大家称它们为"萨特"（SUT，为蔗糖转运体的英文缩写）。被"萨特"送到叶片细胞膜外后，蔗糖就进入空旷清爽的细胞壁空间，一路直达筛管细胞外面。还是"萨特"——这次是筛管细胞上的转运工，把它们转进筛管细胞里面。但不管是哪一路，一旦进入韧皮部的筛管，蔗糖就完全走上了快速运送的通道，很快到达茎的顶端。这里需要开办更多的分厂，别的不说，光是隔开分厂与分厂的藩篱——细胞壁的合成，就需要不少由葡萄糖串联形成的纤维素。只见纤维素合酶复合体——那支由 18～24 个工人组成的花环状队伍——不断在细胞外面来来回回扯着构成细胞壁的微纤丝，满目望去都是热火朝天的场景。

还有一部分蔗糖要运送到植株另一些生长旺盛的地方——根尖。此刻，春日的暖阳逐渐移向正南方向，气温升高。自从前几天下过一点小雨之后，就是连续的晴天，土壤变得干旱。自古以来，干旱就是植物生长的大敌，对缺水导致化工厂停摆的恐惧，始终铭刻在 DNA 老板心里。当根尖细胞接触到的土壤越来越燥热时，马上就有负责报信的蛋白质前往细胞核中，把这个干旱胁迫的严峻局面告诉 DNA。DNA 毫不迟疑，马上袒露身体，让专职的信使 RNA 把身上用于指导组装蛋白质的氨基酸序列的基因碱基序列（即代码）抄录出来。抄完之后，信使 RNA 离开细胞核，去往专门制造蛋白质的核糖体，与"核糖体 RNA"和"转运 RNA"相会。在那里，核糖体 RNA 指挥转运 RNA，把氨基酸按照信使 RNA 抄录的碱基序列所对应的方式组装起来。这 3 种 RNA 当年也都贵为小老板，然而在 RNA 世界被 DNA 世界取代后，便只能替 DNA 打工，继续做它们擅长的培养和召唤蛋白质工人的工作。最终，蛋白质的肉体完成组装，它的"灵魂"同时被召唤而来。消失多日的工人又出现了！

DNA 就这样在根尖细胞中快速架设起一条名为"MEP 途径"的重要流水线（第 6 章第 5 节会再介绍），它的工人们用这条流水线迅速制造出一种重要的植物激素——脱落酸。脱落酸在很多时候就是植物的报警信号，表明生命受到了干旱、高盐、低温等环境压力的威胁。根尖细胞合成出来的脱落酸随水分进入木质部的导管，向上扩散到每一片叶子中。叶面的气孔细胞接到这个报警信号后积极行动起来，改变自身形状，把气孔开口调小，甚至完全关闭。这样，从气孔逸失的水分就减少，宝贵的水分便可更多地保存在这棵小小的拟南芥植株之中。

5.4 拟南芥日常——植物生理活动一瞥（下）

还好天公作美。当日下午，风起云涌，安静的山谷响起了春日难得听见的雷声。一场小型雷暴为拟南芥送来了宝贵的雨水，还有溶解在水中的硝酸根离子。

面对突然而至的大量水分，根细胞膜上的蛋白质运水工——水孔蛋白便开足马力工作，让一股股清泉源源不断进入细胞之中。接到报信工人的报告后，DNA 老板大喜若狂，委托 3 种 RNA 去给它召唤另外一些流水线工人。其中，一对绰号分别为"大萧"（硝酸还原酶）和"小萧"（亚硝酸还原酶）、手上各自戴着一枚"魔戒"的兄弟最有趣：前者的"魔戒"是钼辅因子，上面镶嵌着一颗闪光的宝石——钼原子；后者的"魔戒"是正方体的精致小笼子——铁—硫簇。"魔戒"为它们主人的手赋予了神奇的力量，让"大萧"可以把硝酸根转化为亚硝酸根，也让"小萧"可以把亚硝酸根转化为氨。

对于植物细胞来说，氨是一种有毒的物质（对人也一样，空气中少量的氨就可以形成刺鼻的尿骚味，让人难受得只想逃离）。不过这不要紧。根细胞中的氨一旦生产出来，马上就被送到下一条流水线。这一回，轮到另外两对工人大显身手了。第一对工人是谷氨酸合酶和谷氨酰胺合酶，它们分别把氨转化为谷氨酸和谷氨酰胺。第二对工人是谷草转氨酶（别名天冬氨酸转氨酶）和天冬酰胺转氨酶，它们分别把谷氨酸和谷氨酰胺转化为天冬氨酸和天冬酰胺。

这些最先利用氨合成的氨基酸，携带着氮元素，从根部沿着维管组织扩散到拟南芥植株各处，为各种生产含氮有机物（包括碱基和其他所有基本氨基酸）的流水线提供原料。与此同时，土壤中的硫酸根离子也随水分进入根细胞，马上也得到加工，先变成亚硫酸根离子，再变成硫化氢，最后成为 20 种基本氨基酸中的半胱氨酸。

缺水的危机暂时度过了，但另一场大麻烦不期而至。一条愣头愣脑的毛虫爬上了拟南芥的叶片，从叶子边缘开始狼吞虎咽地啃嚼起来。面对这种危局，那些正在遭受毛虫摧毁的细胞立即制造紧急预警虫害的激素——茉莉酸。茉莉酸被合成后，就向相邻的细胞扩散，通知它们尽快采取防御措施。

然而，这个细胞间的扩散速度是远远不够的。于是拟南芥细胞祭出了大招——一个叫"江美瞳"（JMT）的工人把茉莉酸转化成茉莉酸甲酯。茉莉酸甲酯很容易以气体的形态，经过叶片表面的气孔扩散到空气中去，再通过气孔钻入邻近的叶片。在这些叶片的细胞中，有一个叫"毛金娥"（MJE）的工人把茉莉酸甲酯重新转化成茉莉酸。就这样，拟南芥的整个植株很快都收到了警报，全面进入紧急状态。

最担心化工厂被毁的自然是 DNA 老板。收到茉莉酸传来的紧急警报信号之后，它紧张但冷静地指挥相关 RNA，让它们赶紧召唤各种可以合成有毒物质的流水线工人。于是，拟南芥体内的细胞快马加鞭地制造出多种毒物。有的流水线制造出来的蛋白酶抑制剂可以抑制毛虫消化道中的蛋白酶，让毛虫不仅不能消化吃下的叶子，还患上厌食症，最后活活饿死。有的流水线制造出来的鞣质更是直接对毛虫产生毒害作用。

于是，这条倒霉的毛虫虽然吃掉了拟南芥一枚叶子的大半，但也身中剧毒，几乎无法动弹。它最后反而成了蚂蚁的猎物，被硬生生拖走了。拟南芥总算从这场大灾难中躲了过去。

傍晚时分，西面天空绚烂的红霞已经消散。随着天色逐渐暗淡，原本白色的阳光中的各种色光依次退场，先是波长最短的蓝紫光，然后是黄绿光，最后是红光。当红光也消逝之后，只剩下人类肉眼看不见的远红外光还微弱地照耀着山间万物。在远红外光的照射下，白天处于活跃状态的光敏色素又进入睡梦，而负责调整拟南芥生物钟的那 3 个报信工人也到了换班的时刻。这次，是值夜班的"陶克"上岗，替掉工作了整个白天的"陈长安"和"林海英"。换班的信号最后还是要传到细胞核中的 DNA 老板那里，然后它开始安排晚上的工作任务——比如，让气孔闭合、叶片低垂。

然而，虽然拟南芥体内很多流水线在夜晚已经停工，但绝对不是一个可以轻松、安静度过的时段。一只夜行的豹猫悄无声息地从山谷中经过，它的左前脚掌不偏不倚地正好踩在这株拟南芥上，把它的茎生生踩得贴着了地面。幸好，拟南芥细胞壁中的纤维素等成分有很大弹性，当豹猫的脚掌抬开之后，茎又重新回弹、直立起来。

这个强烈的机械刺激引起了又一类报信工人——钙调蛋白的警觉。它们马上把这个信号传达给 DNA。随后，DNA 对整座化工厂所处的环境迅速做了重新评估。在它看来，这里比以前的估计更不安全了；如果植株长得太高，会有倒下之后起不来的风险。于是在深更半夜，它又把一些 RNA 叫来，让它们召唤新的工人进行相应调整。在随后的生长中，拟南芥的植株会比原来的计划长得低一些。

斗转星移，夜晚逐渐过去。春天的日出，一天比一天早。又是早晨不到 6 点钟，天就慢慢亮了。晨光中的红光再次照进拟南芥的叶片细胞，照在光敏色素身上。从睡梦中惊醒的光敏色素，和昨天一样，又开始它的报信工作。

在光敏色素的通报之下，"陈长安"和"林海英"又要开始值守日班，接替"陶克"了。但是这一回，"陶克"严肃地对它们说："这一晚已经不到 11 小时了。"

"也就是说，白天的长度已经超过 13 小时了。""陈长安"说。

"终于等到这一天了！""林海英"说，"那让我们按计划行事吧。"

到这里，拟南芥体内在 4 月的一昼夜中发生的大事件，就都讲完了。至于这座充满活力、熙熙攘攘的化工厂的后续情况，简单补充在下面。

作为一种长日照植物，拟南芥会在黑夜短到一定程度（即白昼达到一定长度）时开始开花，也就是从营养生长阶段转入生殖生长阶段。"陈长安"和"林海英"这两位负责调节生物钟的报信工人，会把长日照的信息辗转传达给高一级的报信工人"陈欧"（CO，为常花蛋白的英文缩写）。"陈欧"再把这个信息向更高一级的总报信工人"方桐"

（FT，为开花位点 T 蛋白的英文缩写）汇报。"方桐"会综合来自多个报信工人的信息，了解日照长度、温度等多方面的情况。当它觉得条件合适时，便会通过韧皮部筛管这种快速通道，亲自到达拟南芥的茎尖、茎生叶与茎夹角处的侧芽里，传达可以开花的信息。

最终，当所有条件都满足的时候，拟南芥的茎尖和侧芽便不再长出新的茎或叶，而是开始长花。在许许多多专门的流水线工人的努力下，它成功地开出许多有 4 枚萼片、4 枚花瓣、6 枚雄蕊（4 长 2 短）和 1 枚雌蕊的白色小花。随后，雄蕊里的花粉落到雌蕊顶端的柱头上，花粉里的精子再穿过长长的花柱，和雌蕊基部膨大的子房里的卵细胞结合。完成这个自花受精过程，花逐渐发育成长长的果实。果实里有种子，种子里孕育着下一代植株的幼体——胚。

这个时候，拟南芥植株就完成了它一生的任务，很快在烈日炙烤之下枯萎、死去。作为一种主要在春季生长的短命植物，野生的拟南芥植株通常只有 3 个月左右的生命。但是，这座化工厂最后的得意之作——种子，此刻已经成熟、散落，埋在泥土之中。夏尽秋至，秋去冬来，经过低温的考验，来年春天，这些种子又会萌发，在新一代 DNA 老板的掌控下，新的化工厂又开张了。到 4 月白天渐长时，还是在这片山野，又会重现上面的场景。

5.5 合作利人又利己——植物的固氮作用

拟南芥的例子告诉我们，氮元素对地球生命极为重要。然而，氮与氧有一个重要区别：氧气分子是不时就会凶相毕露的"狼分子"，氮气分子却是非常稳定、不爱发生化学反应的"惰性分子"。

在土壤中，除了植物会吸收氨、亚硝酸根和硝酸根形态的氮元素，还有很多微生物也在利用着氮。以动植物尸体为食的细菌和真菌会不断分解其中的含氮化合物，一部分为己所用，另一部分变成一些臭气熏气的简单含氮有机物，最终以氨的形态回归自然。在土壤中还有几种细菌，它们维持生命运转所利用的化学反应与氮的化合物有关——亚硝酸细菌会用氧气和氨反应，生成亚硝酸根；硝酸细菌会用氧气和亚硝酸根反应，生成硝酸根。与它们相反，反硝化细菌却利用硝酸根和有机物反应，生成二氧化碳和氮气。

问题出在反硝化细菌这里。如果它有植物化工厂那样的本事，可以像流水线工人"大萧"和"小萧"兄弟那样，把硝酸根再转化为氨，那么地球土壤会比现实情况肥沃得多，其中有更多的氮元素。可是，反硝化细菌只能制造出氮气。这种惰性气体在土壤里向上冒，进入大气后就在其中蓄积起来。如今，干燥空气中的氧气体积百分比才占21%，氮气却占到78%。

这么多无色无臭的氮气起到了两个作用。它的第一个作用是稀释了空气中的氧气，否则地球表面会成为一个极易着火的环境。事实上，"氮"这种元素的中文名起初写作"淡"，意思就是它冲淡了空气中的氧气。与此类似，"氧"和"氢"这两种元素的中文名起初分别写作"养"和"轻"，意思是氧是人体的养料，人不呼吸氧气就活不下去，而氢气是所有气体中最轻的一种。后来，化学家摘取了"淡""养""轻"中的声旁，加上"气"字头，造出了氮、氧、氢这几种元素名称的专用汉字。

氮气的第二个作用是提高大气浓度。大气浓度越高，它吸收和散射的紫外线就越多，陆地上的生物也就越不容易受到紫外线的危害。然而，氮气作为反硝化细菌排出的废物，在大气中积累得越多，在土壤中的残留就越少，土壤就越贫瘠。

幸运的是，地球生命在地质史上又一次体现出"变废为宝"的强大本领。在24.5亿年前的"大氧化事件"后，需氧生物得到了很大发展，生命世界迎来了一次大繁荣。但正是因为生物体数目迅速增加，环境中的氮元素就成了稀缺资源。尽管把氮气转化为生物可利用的氨需要花很多能量，以便克服氮气分子不爱反应的惰性，但到了这个时候，一些细菌发觉，花能量把空气中的氮气固定下来并转化成氨仍然挺划算，可以

图 5.8 氮循环（图片引自《彩图科技百科全书.第三卷，生命》，2005）

自力更生获取氮，不必与别的生物争夺环境中不多的氮。就这样，在大约20亿年前，地球上陆续出现了多种能固氮的细菌和古菌。

毫无疑问，固氮菌体内的化工厂把氮气转化为氨需要专门的流水线工人，而这回是固氮酶复合物。不幸的是，固氮酶复合物虽然被委以重任，技术却不算娴熟，比卡尔文循环流水线上的"鲁比斯科"还容易出错。如果身边有乙炔，它会抓来让它变成乙烯；如果周围有二氧化碳，它会抓来让它变成一氧化碳。更麻烦的是，如果它抓来的是氧气分子，那它自己直接就被毒死了，连制造废品的机会都没有！

话又说回来，面对这种稳定得让人发火的氮气分子，固氮酶复合物已经做得很不错了，所以固氮菌对它也很呵护。很多固氮菌是厌氧生物，生命活动本来就需要在无氧气的条件下进行。此外，蓝细菌这类固氮菌虽然多数时候需要氧气，但为了给自己补充氮元素，也会主动转入厌氧环境，这时候它才请出固氮酶复合物工作。

看到固氮菌生存得如此艰难，植物动了恻隐之心。同时，植物自

133

己的生长需要大量氮元素，但它们始终没有学会从空气中固氮，长期遭受营养不良之苦，对于固氮菌的固氮能力很是羡慕。正好，植物可以在根细胞中营造一个缺氧的环境。如果固氮菌能在植物根细胞中生存，由根细胞为它提供其他养分，而作为回报，它固定的氮则拿出来和植物分享，那不是各取所需、皆大欢喜吗？

好事就这样成了。现在，已经没必要讨论究竟是固氮菌为了生存先入侵了植物的根细胞，还是植物为了获取氮先邀请了固氮菌。这就像一对恩爱夫妻，结婚多年后回忆往事，又何必为当年"谁先追谁"的问题陷入争执？总之，事情的结果是一类特殊的固氮菌在植物的根中住了下来。受到它们的刺激，植物的根长出瘤子一般、膨大的结构，这就是根瘤，而这类固氮菌因此得名"根瘤菌"。双方就这样情意绵绵地互惠互利，在经常因为竞争氮元素搞得刀光剑影的生命世界中谱写了一曲团结协作的赞歌。

然而，不是所有植物都能和根瘤菌共生。有这种本事的植物只限于少数几个家族，其中最著名的就是豆科家族。前面已经讲过，菊科能成为种子植物大家族之一，在很大程度上取决于它们的新本领——用果聚糖同时充当抵抗干旱和贮存能量的物质。而豆科家族呢，自从有了根瘤这种"新技能"后，也获得了突飞猛进的大发展，如今已经是种子植物第三大家族。

不仅如此，豆科植物还能为那些长不出根瘤的植物做出慷慨的贡献。它们能在缺少氮的贫瘠土地上生长，死后向土壤中释放氮元素，原本荒凉的土地便越来越肥沃，让更多植物得以在这里茁壮成长。就连人类，在开始种田之后也懂得了豆科植物的好处——如果对一块农田实行轮作，种过两三年粮食之后，再种上一年的苜蓿（*Medicago sativa*）、白车轴草（*Trifolium repens*）之类的豆科牧草，那么这些牧草不仅能为牲畜提供富含蛋白质的优良饲料，而且可以在被翻入土中后化为肥料，让这块农田的地力得以恢复。这就是这些豆科牧草被称为"绿肥"的原因。

图 5.9 白车轴草
白车轴草是俗称"三叶草"的多种植物中的一种，多数叶有 3 枚小叶，但有少量叶有 4 枚小叶，后者又称"四叶草"。这种"四叶草"在西方文化中象征着幸运。（寿海洋摄）

如今，通过天然过程从空气中重新回到土壤中或水体里的氮，只有 10% 由闪电固定——闪电击穿空气时会产生极高的温度，迫使氮气和氧气化合为氮氧化物，溶解在水里就成为硝酸根和亚硝酸根；另外 90% 的氮都是由固氮菌所固定。固氮菌或者独立生存，或者与豆科之类的植物共生，为整个生物圈里的生物供应必需的氮元素。有了氮元素，植物化工厂才能召唤来蛋白质工人，天天保持高速运转，DNA 老板才能完成不断复制自己的梦想。

第 6 章

香与色何来

6.1 不必谈动物食品色变——从蛋白质说到油脂

上一章介绍了植物体内两类含氮的大分子（核酸和蛋白质）的基本功能。其中，植物蛋白不仅对植物有重要作用，而且是人类的营养物质。外源蛋白质被摄入人体之后，如果它没有毒性，又不会抵抗蛋白酶的消化，就会在消化道中逐渐被分解为小分子，大多是构成蛋白质的基本单元——氨基酸，也有由 2～3 个氨基酸构成的二肽和三肽。人体吸收这些小分子，运到细胞里面之后，就可以用它们来搭建自身的蛋白质。

不过，与动物蛋白相比，植物蛋白的营养品质并不高。以小麦等谷物中的一种特殊的蛋白质——麸质为例，它具有独特的物理性质，可以在面团中形成有弹性的网格结构，把淀粉隔离在一个个封闭的网格中。当面团发酵的时候，酵母菌消化淀粉产生的二氧化碳也不容易从这些网格中逸出，大多只能留在里面，把网格撑大，于是面团就"发"起来，变得疏松了，这样我们才能吃上蓬松的面包和馒头。麸质的弹性也让面条变得筋道、弹牙。如果把小麦中的麸质（俗称"面筋"）提取出来，可以做成很多美味小吃，比如上海经典小菜"四喜烤麸"就是用发酵后的麸质做的。

然而，麸质中的氨基酸比例很不均衡，谷氨酸和脯氨酸这两种人体自己可以合成的氨基酸含量很高（还记得上一章说过，"谷氨酸"正是因为最早从谷物麸质中提取而得名吗？），但多种人体必不可少却自己不能合成，或合成量不能满足需要的"必需氨基酸"含量却很低，其中赖氨酸的含量尤其不能满足人体需求。因此，从营养价值上来说，麸质是品质很差的蛋白质；长期以谷物为主食、很少摄入其他食品的人群，会因必需氨基酸摄入不足而营养不良。不仅如此，麸质还可以抵抗蛋白酶的消化，形成一些很难进

图 6.1 普通小麦（*Triticum aestivum*）（刘夙摄）

一步分解的多肽片段，诱发一些人的过敏反应，轻则肠道不适，重则引发全身性反应，甚至会让人情绪失常。

与谷物相比，豆类种子中不仅含有更丰富的蛋白质，氨基酸的比例也更均衡。但很不幸，豆类蛋白还是明显不如动物蛋白。以大豆蛋白为例，它在植物蛋白中已经算是营养品质很高的了，但基本氨基酸之一的甲硫氨酸的含量还是不足，赖氨酸的含量也偏低。

总之，严肃的营养师会告诉你，如果你不是素食主义者，那么每天最好吃一些肉、蛋、奶等动物性食品，因为它们是优质蛋白质的来源。如果你非吃素食不可，那就必须精心调配自己的食谱，保证必需氨基酸有足够的供应。然而，素食主义应该只是一种成年人的信仰和行为，如果父母对急需优质蛋白质的婴幼儿采取纯素食方式喂养，导致孩子严重营养不良甚至死亡，那与"过失杀人"没有什么本质差异。

除了蛋白质，还有一大类养分也可以分别从动物性食物和植物性食

物获取，但过分追求所谓"健康养生"的人们也对动物来源的这类养分避之唯恐不及。这就是脂质。

脂质是一类五花八门的含氧有机物，它们的共同之处是不能痛痛快快地溶于水，甚至完全不溶于水，但可以轻轻松松地溶解在汽油、苯等"油"状溶剂中。最常见的脂质是甘油三酯，它是由 1 分子甘油和 3 分子脂肪酸形成的。在丙烷分子中的 3 个碳原子上各拿掉 1 个氢原子，代之以羟基，这就是甘油分子了。回想第 2 章第 2 节对"醇"的定义——把烷类、烯类分子中的氢用羟基代替形成的有机物，显然甘油就是一种醇，所以它在化学上又叫"丙三醇"。脂肪酸大多是把链状烷、烯分子一头的碳原子上的 1 个氢原子替换为羧基而形成的有机物，比如硬脂酸分子就是把含 17 个碳原子的直链烷——十七烷分子一头的 1 个氢原子替换为羧基而形成。因为羧基本身含有 1 个碳原子，所以硬脂酸分子共有 18 个碳原子，在化学上也叫"十八烷酸"。第 2

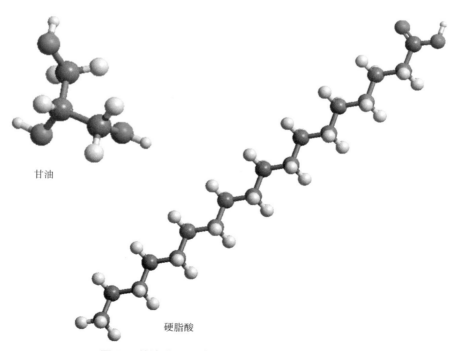

甘油

硬脂酸

图 6.2 甘油（丙三醇）和硬脂酸的分子结构模型

章第 2 节提到的乙酸从结构上也算脂肪酸——把甲烷分子中的一个氢替换为羧基，就形成乙酸。

如果从脂肪酸分子的羧基里拿掉羟基，用剩下的基团去替换醇分子羟基里的氢（也就是合计拿掉了一分子水），这样就形成了一类新的含氧有机物——酯类。如果用 3 个这样的脂肪酸基团分别替换甘油分子上 3 个羟基里的氢，形成的有机物是甘油三酯。甘油三酯是动植物油脂的

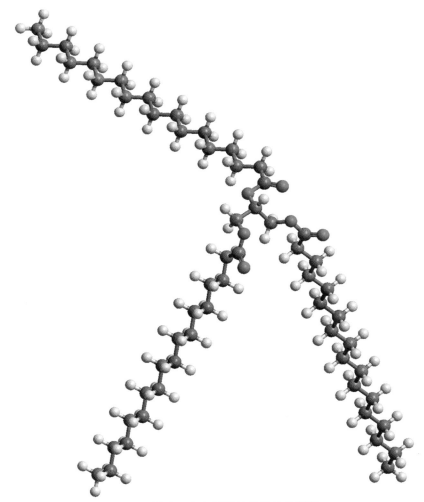

图 6.3 甘油三硬脂酸酯的分子结构模型

这是由 1 分子甘油和 3 分子硬脂酸所成的酯。

主要成分，而事实上，"酯"这个字就是用"酉"字旁替换掉"脂"字中的"月"字旁造出来的。与醇、醛、酸一样，"酉"旁表示酯类是含氧有机物。

如果说"甘油三酯"让你觉得陌生，那么一说"油脂"，你大概就有比较明确的概念了。在油脂中，无论是液态的"油"还是固态的"脂肪"，在日常饮食中都太常见了，它们的主要成分就是甘油三酯。油脂是一种非常理想的储能物质。与糖类不同，油脂的分子中氧原子很少，因而碳和氢都有更大的潜力与氧化合，这就让它在生物体内"燃烧"时可以放出比同质量的糖类多得多的能量。换句话说，如果储存的能量相当，所用油脂的质量要比糖类小得多。因此，动物都喜欢把摄入过多、一时消耗不完的能量以油脂的形式长期储存起来，因为它比糖类轻便多了。（如果你觉得自己身材臃肿，不妨这样想：如果这些脂肪中的能量都以糖类的形式储存，那你还要再臃肿几倍。）植物虽然比动物更多用糖类作为能量的长期储备，但也有不少种类会在种子中储存油脂，也是因为这样可以减少种子的体积，便于传播。

正是因为油脂能够高效率地提供能量，人类自古以来就像嗜糖一样嗜好油脂。甚至有科学家发现，人的口腔中除了能感受甜、酸、苦、咸和鲜味（氨基酸味）的味觉受体，还有能和油脂分子结合的味觉受体，所以"油味"恐怕也算是一种基本味觉。

遗憾的是，常见的动物油脂往往有两个"不好"的特点，一是饱和脂肪酸含量高，二是胆固醇含量高。饱和脂肪酸是分子中的碳原子已经最大程度地与氢化合的脂肪酸，也就是烷类的氢原子被羧基取代形成的脂肪酸；与之对应的不饱和脂肪酸，则是分子中还含有碳碳双键、碳原子没有充分与氢化合的脂肪酸，也就是烯类的氢原子被羧基取代形成的脂肪酸。胆固醇则属于脂质中的另一大类——类固醇（下文会详细介绍）。医学界曾经长期认为，饱和脂肪酸和胆固醇摄入过量会引发严重的健康问题，增加患心血管病的风险。在数十年的宣传之下，"动物油脂不利于健康"在公众心目中几乎成了定论。

与动物油脂不同，大豆油、葵花籽油、菜籽油等许多植物油所含的饱和脂肪酸确实很少。与此同时，植物基本不合成胆固醇，因而所有植物油都不含胆固醇。既然食用某些种类的植

图 6.4 花生（*Arachis hypogaea*）（寿海洋摄）

物油可以很好地规避饱和脂肪酸和胆固醇这两类"坏东西"，那么"植物油有利于健康"在公众心目中也几乎成了定论。

然而，事情没有这么简单。首先，饱和脂肪酸含量高的动物油脂具有独特的细腻口感，而且与淀粉很合得来，它们在烹饪中紧密配合，就创造出了各种令人垂涎欲滴的精美糕点。相比之下，不饱和脂肪酸含量高的植物油不仅做不出这样的美味，而且温度一高，它们分子中的碳碳双键就会断裂，产生各种味道刺鼻甚至有致癌性的物质，这就大大限制了它们的烹调用途，比如不适合用来长时间烹制油炸食品。如果为了追求健康，要牺牲掉这么多与动物油脂相关的美味，那么代价未免太大。

其次，尽管人体血液中的胆固醇含量过高确实会增加患心血管病的风险，但这与食物中的胆固醇含量是两回事。人体自己可以合成胆固醇，数量远远超过通过食物摄入的胆固醇。更深入的研究已经发现，控制食物中的胆固醇并不意味着可以控制血液中的胆固醇，而食用大量含胆固醇的食物不一定会显著提高血液中胆固醇的含量。

再次，并非所有植物油都不含饱和脂肪酸。椰子油、棕榈油都以含有大量饱和脂肪酸著称，就连花生油都含有 30% 的饱和脂肪酸——难怪温度一低，花生油就会凝固出絮状物，因为饱和脂肪酸含量高的油脂的凝固温度也高。

不管怎样，有一点倒是可以完全确定的，前面已经多次强调了——

有氧呼吸是一个小心翼翼地"玩火"的过程，不可避免要生成攻击性极强的自由基，一不小心就会对人体造成损害，油脂的有氧呼吸也不例外。因此，比起一味规避动物油脂来，更重要的是减少油脂摄入的总量，不管它是来自动物性食品还是植物性食品。在合理的总量范围内，不妨偶尔享受一下蛋糕、酥饼等美食，体会饱和脂肪酸带来的惬意口感，这才算是既注重健康，又不负美味。

6.2　隔离创造效率——生物膜的化学成分

就像蛋白质最初的基本功能是作为生化反应专一高效的催化剂，后来才逐渐具备了其他功能一样，高效贮存能量只是脂质后来才具备的功能。脂质更基本且更重要的功能是在生物体内构建膜系统，作为在一定程度上隔开生命化工厂的各个分厂（细胞）和车间（叶绿体、线粒体等结构）的屏障。

这是不言而喻的道理：很多工作要想高效地完成，最好是放在一个单独、专门的空间里进行。假如你是学生，你在家里学习时肯定会待在自己的房间，这样不会受到客厅中电视机声音的干扰。当然，如果你实际上不是在学习，而是在打游戏，待在自己的房间也能尽量避免被父母发现。然而，这种隔离不是绝对的，该沟通的时候还得沟通。比如即使你再废寝忘食地学习，也不能不吃饭，而要吃饭就得有人突破这道隔开不同房间的屏障——要么你出去，要么有人送饭进来。

在企业中，隔离更是无处不在。比如在服务性企业中，经理们都有自己的办公室；共用一间大办公室的白领们也各有自己的桌位，彼此之间以各种形式的隔断分开；就算不能隔绝来自邻座的声音，至少可以声明自己放在桌位上的各种物品有明确的所有权，而按照起码的办公室礼仪，其他人便不会来随意取用。如果是在化工厂里面，隔离的意义就更重要了——不同的生产车间往往要求不同的环境，只有相互隔离、分别控制才能满足各自的需求。同样，所有这些隔离都是相对的——如果没有跨越隔离的交流，企业中各位职工的工作就无法整合起来，于是都失去了价值。

对于生物来说，因为构成生物体的物质常常具有高度的挥发性和流动性，如果没有隔离性的屏障，这些物质就很容易流失，生物体也就土崩瓦解、不复存在了。与此同时，这些隔离性的屏障又不能阻断生物体与外界的物质和能量交流，否则生命活动会在体内的资源耗尽之后被迫终止，生物体还是会不复存在。因此，在地球生命诞生初期，原始生物体在解决了遗传信息载体的问题之后，紧接着就要学会自主建立有"选择透过性"的空间屏障——膜系统。脂质就是它们选用的建造膜系统的原料。

为什么脂质可以充当这样的重任？原因就是前面说过的：有些脂质不能痛痛快快地溶于水。

水与油不能互溶，这是每个人都熟悉的自然现象。对于有机物来说，其分子中那部分只由碳和氢组成的结构是"疏水"的（或者说是"憎水"的），非常排斥水分子，而羟基、羧基、氨基之类的基团却是亲水的。如果有机物分子中只有疏水结构，或者疏水结构占据绝对优势，那么这种有机物就不溶于水。比如乙烷、乙烯、苯等分子只含有碳和氢，它们就不溶于水；硬脂酸分子虽然含有 1 个亲水的羧基，但由另外17 个碳原子组成的长碳链占据的空间更大，它压倒性地决定了整个分子的性质，因此硬脂酸也难溶于水。

反之，如果有机物分子中的亲水结构占据绝对优势，那么这种有机物就易溶于水。比如乙醇分子虽然只含 1 个羟基，但它连在仅有 2 个碳原子的很短的碳链上，羟基的亲水性强烈地压过了短碳链的疏水性，于是乙醇就成了一种可以与水以任意比例混溶的液体。同理，葡萄糖分子中含有多个羟基，这些羟基齐心协力，也让葡萄糖分子在水中有很大的溶解度。

还有一些有机物，分子中的疏水结构与亲水结构势均力敌，于是它们在水中的行为就介于极端不溶和极端易溶之间——亲水的结构部位热情拥抱着水分子，疏水的结构仍然极力回避水分子，这就是两亲分子。以硬脂酸钠为例，这是硬脂酸中羧基的氢被钠替代形成的物质。由于钠很喜欢独来独往，硬脂酸钠一进入水中，钠就马上跑了，剩下的没有氢的羧基成了一个极为亲水的基团，这让硬脂酸钠与硬脂酸不同，成了一种可溶于水的物质。然而，硬脂酸钠分子中那17个碳原子组成的碳链仍然非常疏水，如果水中有微小的油滴，它们会迫不及待地和油滴结合，以便躲避水分子。最终，硬脂酸钠分子在有油滴的水中聚成微团，其中亲水的羧基露在微团表面，疏水的碳链连同油滴都被包裹在微团内部。

硬脂酸钠分子在水中的这种行为使它具备优良的洗涤性能。把染有油污的衣物放在硬脂酸钠水溶液中，用手揉搓，硬脂酸钠的疏水基团就可以把油污从衣物上拉下来，在水中形成微团，于是衣服就洗干净了。几百年来，各种肥皂、香皂的主要成分一直是硬脂酸钠之类的脂肪酸钠盐。要说有什么变化，无非是辅料有变化、配方有改良罢了。

仔细打量，硬脂酸钠微团已经是一个初步具有隔离性的结构了——硬脂酸钠分子通过自身的两亲性，在微团表面形成一道粗糙的屏障，把

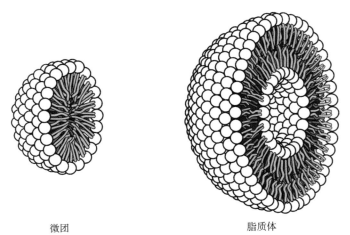

微团　　　　　　　　　　脂质体

图 6.5　由两亲分子形成的微团和脂质体

两亲分子是一端亲水、另一端疏水（亲油）的化学分子。图中的每一个带两条"细长腿"的白球是一个磷脂分子（据维基百科公版图片改绘）。磷脂的代表种类磷脂乙醇胺的详细分子结构见图 6.6。

水隔在外面，油污关在里面。另一些具有类似的两亲性的有机分子有更好的屏障性，自身在水中可以形成双分子层，上下两层的疏水基团相互靠拢，而亲水基团则分别朝外。这种双分子层可以组成脂质体，把一团水包在其中，与外面的水隔离开来。这正是地球生命心目中的理想膜系统结构。

如今，地球生命的生物膜系统都具有与此类似的化学成分，其中甘油磷脂是起主要成膜作用的脂质之一。对于细菌和真核生物来说，它们的生物膜上的甘油磷脂的结构与甘油三酯很像，甘油分子中有 2 个羟基中的氢也被脂肪酸基团所取代，唯独取代第三个羟基上的氢的不是脂肪酸基团，而是 1 分子磷酸，并通常在磷酸分子的另一头再结合 1 个亲水

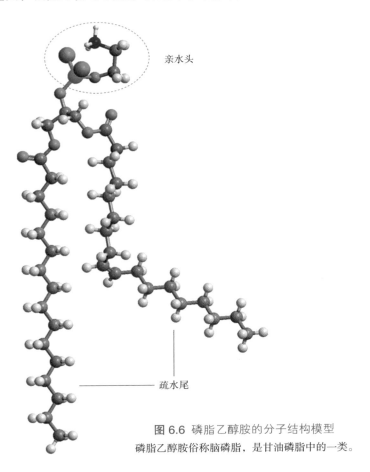

亲水头

疏水尾

图 6.6 磷脂乙醇胺的分子结构模型
磷脂乙醇胺俗称脑磷脂，是甘油磷脂中的一类。

的小分子。这样一来，甘油磷脂就有了 1 个较小的"亲水头"和 2 条长长的"疏水尾"。在它们形成的双分子膜中，亲水头朝外，疏水尾则彼此相对。

就是这种结构的生物膜，把所有的细胞质包裹起来，使生命化工厂的一切活动得以与外界隔离，从而让原始的地球生命能从它们赖以生存和演化的海底热液出口处的岩石孔洞中"走"出来，带着这层"隔离服"去开拓更广阔的世界。后来，真核生物进一步在每个细胞内也用生物膜系统隔出一个个的专门车间——执行光合作用的叶绿体、进行呼吸作用的线粒体、作为 DNA 老板"豪宅"的细胞核……从而让细胞内的生命活动变得比以前更有序、更高效。

毫无疑问，生物膜在隔离内外的同时，也要允许物质和能量在膜的两侧相互交流和交换。只不过，有了这层膜，细胞在进行物质交流时就有了很强的主动选择性。凭借嵌在膜上的各种蛋白质，细胞可以在特定的时刻进行某些物质的跨膜运输。上一章在介绍拟南芥的一天时，已经提到了几种有运输功能的跨膜蛋白，包括叶绿体膜上可以运送甘油醛 - 3 - 磷酸的磷酸转运体、细胞膜上可以运送蔗糖的"萨特"（蔗糖转

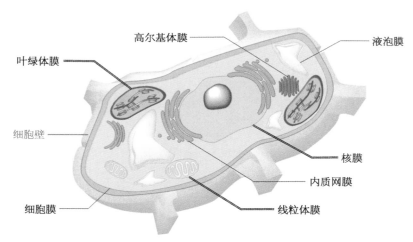

图 6.7 植物细胞主要生物膜示意

图上用于指示名称的黑色引线中，单线表示该生物膜为单层膜，只有一个双分子层；双线表示该生物膜为双层膜，包括两个双分子层。

146

运体），还有根尖细胞膜上运送水分的水孔蛋白。然而，它们只是为数众多的转运蛋白中的几种罢了。

尽管细菌和植物的细胞膜外还有细胞壁，可以进一步起到保护细胞等作用，但细胞壁无论如何不可能代替生物膜系统。如果说核酸作为遗传物质为生命活动提供了根本"目的"，蛋白质作为流水线工人是绝大多数生命活动的具体执行者，那么脂质作为构建生物膜系统的主力，就为生命活动分隔出了不可或缺的适宜空间。多姿多彩的地球生命就在这 3 类分子的通力协作下繁荣至今。

与此同时，脂质也逐渐发展出了新的功能。除了甘油三酯成为高效的能量仓库，还有不少具有独特结构的脂质被生物赋予了种种特殊功能——比如下面要介绍的芳香酯类和萜类。

6.3 植物的一百种香味——从简单酯类说起

有一种水果，大名叫鸡蛋果（*Passiflora edulis*），听上去给人一种"老土"的感觉，但它更为人熟知的别名"百香果"却充满了时髦气息。其实，这里的"百香"是英文名"passion fruit"中前一个词的音译，只不过找了两个兼能表意的汉字来翻译罢了。虽然有的商业广告煞有其事地说百香果具备"香蕉、菠萝、柠檬等一百多种水果的香味"，但很多吃过的人发现，它的香气和味道好像也就那么回事；如果不小心吃到不熟的果实，还会被酸得直咧嘴。

不过，如果把范围扩大到整个植物界，那么"一百"这个数字显然严重低估了植物所能向人类呈现的芳香气味的多样性。在我国古代的典籍中，芳香植物名目繁多，光是《楚辞》就记载了兰、芷、杜若、椒、桂等种类，它们在后世都成了美好的象征。

有趣的是，从字源来说，"香"（香）字起初是在"黍"字下面加上"口"字符（后来"黍"简化为"禾"，"口"则写成"日"字符）而成的分化字，说明最早的时候，只有谷物和谷物制品（比如酒）的香气才

图 6.8 鸡蛋果（寿海洋摄）

叫"香"。"芬"和"芳"都有草字头，它们到今天通常也主要用来形容花草的香气。尽管动物性食品也有很多独特的气味，但古人竟然没有表达它们气味好闻之意的通用词，只造了"腥""臊""膻"之类的字。这些字在后来普遍用于表示臭味，以致今天我们在说"肉香、奶香"的时候，只能借用原本表示植物香味的"香"字。由此可见，植物的芳香给古人留下了非常愉快而深刻的印象。

那么，为什么植物会有这么丰富的香气呢？问得更深入点：为什么植物能散发这么多样的气味，而且能让人普遍产生愉快的感觉呢？

在第 2 章第 4 节我们已经提到水果成熟之后，植物会从颜色和气味两方面向食果动物传达"快来吃我"的信号；食果动物经过长期与植物的协同演化，会本能地从成熟的水果散发的独特气味那里获得神经上的快感，把这些气味当成香气，并把香气视为美味大餐就在眼前的预兆。同样，人类祖先曾经长期以水果为主食，也会本能地把成熟水果散发的气味当成香气。

很多水果的香气来自简单的酯类。前面讲到的甘油三酯是甘油这种含 3 个羟基的醇和 3 分子的长链脂肪酸形成的酯类。构成水果香气的酯类往往比甘油三酯简单得多，只由 1 分子仅含 1 个羟基的醇和 1 分子的脂肪酸形成，而且醇分子和酸分子中的碳原子数都不多。它们算是一类十分独特的脂质。

以苹果为例，它在成熟时可以散发多种酯类的混合物，其中包括乙酸丁酯（乙酸和丁醇形成的酯类，以下类推）、乙酸戊酯、乙酸己酯、丁酸甲酯、戊酸乙酯、异戊酸乙酯等。香蕉在成熟时散发的酯类相对简单，主要是乙酸戊酯和乙酸异戊酯，而后者是工业上广泛使用的一种溶剂，因为它有强烈的香蕉气味，所以俗称"香蕉水"。对于号称有"一百种香味"的百香果来说，其香气的主要成分则是丁酸乙酯和己酸乙酯。此外，梨、草莓、桃、菠萝散发的香气主要也是简单的酯类。弄清了这些香气的奥秘，食品工业就可以人工合成这些酯类，然后调配成可以乱真的水果香精。

水果合成这些简单酯类所用的原料和流水线基本是现成的。在第 2 章第 3 节中我们已经知道，葡萄糖分解后可形成一种叫乙酰辅酶 A 的半成品（由辅酶 A 基团和乙酰基团组成）。在复杂的辅酶 A 基团的协助下，含 2 个碳原子的乙酰基团可以连接到多种有机物分子上，比如在柠檬酸循环中，乙酰基团就连接到含 4 个碳原子的草酰乙酸分子上，形成含 6 个碳原子的柠檬酸。

生物体内的长链饱和脂肪酸也是以乙酰辅酶 A 提供的乙酰基团为原料合成的。如果忽略掉这条流水线中的复杂步骤，简单来理解，长链

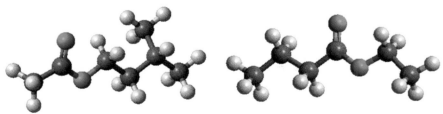

乙酸异戊酯   丁酸乙酯

图 6.9 乙酸异戊酯和丁酸乙酯的分子结构模型

饱和脂肪酸就是以乙酰基团提供的 2 个碳原子为单位，一节一节地拼接出来的：每加上一个单位，脂肪酸链延长 2 个碳原子，反复多次，就得到含十几个碳原子的饱和脂肪酸。与此相反，生物在利用这些饱和脂肪酸提供能量时，也经常以 2 个碳原子为单位，一节一节把它们拆掉，便顺次生成从大到小的各种饱和脂肪酸。

不仅如此，生物既能把醇变成醛，把醛变成酸（就像喝酒之后乙醇在人体内的代谢过程一样），又能把这个过程反过来，把酸变成醛，把醛变成醇。这样，用来合成芳香酯类的两种基本原料——脂肪酸和醇都有了，剩下的就是请出专门的流水线工人——醇酰基转移酶把它们拼在一起，芳香酯类就造出来了。

进一步的研究发现，植物最初甚至不是为了吸引动物才设立这些合成小分子脂肪酸、醇、酯类的流水线。事实上，这些流水线制造的挥发性脂质最开始就和拟南芥用来报告有毛虫侵害的茉莉酸甲酯一样，都是植物受到威胁之后用来通风报信的信号分子。草坪草的"不幸"经历最能说明这一点。

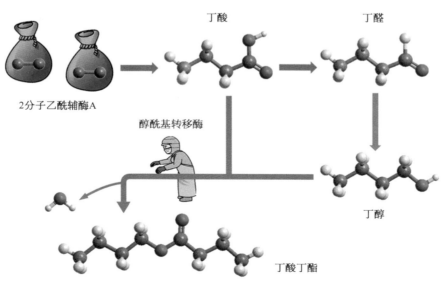

图 6.10 芳香酯类的简明合成过程——以丁酸丁酯为例

说实在的，人类对草坪草可以说很不厚道，非要把它们从野外弄进城市里，大片大片地种植，在大太阳下暴晒，在大雨中淹没。不仅如此，人类还喜欢隔三岔五地把草坪修剪一遍，吓得草坪草以为遭到了食草动物的大举侵害，使劲合成报警用的挥发性物质，仿佛在声嘶力竭地喊"不好了！食草动物来吃了！"一片哀鸿遍野的凄惨景象。它们合成的"报警分子"，从分子结构上来说，同样是简单的醇、醛、酯类，利用的原料也是长链脂肪酸（不过是不饱和脂肪酸，具体合成机制也与前面讲过的苹果、香蕉等水果的主要芳香物质有所不同）。邻近的叶片和附近的其他植株收到报警信号后，就马上开始合成鞣质之类的有毒物质，做好防御准备。

然而，就是这样一套"本意"用于防御食草动物侵害的流水线，后来却被一部分植物挪用，用来合成成熟果实中能吸引动物的芳香性物质。这就和未成熟水果挪用柠檬酸循环中的有机酸充当液泡中的仓储物一样，也是植物利用现成流水线满足新需求的例子。由此也造成一个后果，就是人们因为喜欢水果香气，顺带也比较容易喜欢草坪草释放的那些报警用的挥发性物质，不仅美其名曰"草香味"，还说越闻越心旷神怡。这真可谓"把自己的快乐建立在植物的痛苦之上"了！

6.4 神秘的古老流水线——甲羟戊酸途径

成熟水果散发的简单酯类只是众多植物香气中的一小类。还有一大类叫"萜类"的物质，也和"草香味"一样是植物制造的防御性物质。植物合成它们本意绝不是吸引动物来吃，而恰恰是为了让动物不来吃。那么，萜类又为什么会让人类觉得芳香呢？

"萜"和"苯"一样，因为有个草字头，看上去像是植物的名字，其实不然。它是化学家为有机物造的众多专用汉字之一，造字的逻辑和"苯"一模一样：首先，根据这类化合物的西文单词（比如英文的 terpene，法文的 terpène）第一音节，找到近似的汉语音节"tiē"；然后，在读这个音的汉字"帖"之上加个草字头，表明这类物质大多闻起来有芳香味。"萜"字就这么造出来了。

不仅如此，就像"苯"的中文名归根结底来自安息香树出产的树脂一样，"萜"这个中文名也是来自一种树脂——漆树科笃耨香（*Pistacia terebinthus*）出产的树脂。这种树木学名的第二个词（种加词）"*terebinthus*"来自古希腊语，由它派生出泛指树脂（特别是松树分泌的松节油）的拉丁语单词"*terebinthina*"，再由这个有点长的单词演变成萜类现在的西文单词。

萜类在很大程度上是具有植物特色的化学产物。植物有两条合成萜类的流水线，其中一条的大名叫作"甲羟戊酸途径"。甲羟戊酸途径流水线的起始段，在更多的生物类群中普遍存在；按照一些学者的看法，这段流水线甚至和柠檬酸循环、遗传密码的翻译的流水线一样古老，是细菌、古菌和真核生物的共同祖先已经具备的基本流水线。

具体来说，甲羟戊酸途径流水线也是以乙酰辅酶 A 分子中的乙酰基团为原料。3 个乙酰基团拼在一起，先加工成半成品甲羟戊酸，随后甲羟戊酸分子一头连上 2 分子磷酸，另一头丢掉 1 分子二氧化碳（也就是说，它的碳链丢掉了 1 个碳原子），就形成含 5 个碳原子的分叉碳链——异戊二烯单元。这个分叉的 5 碳原子骨架不仅在植物体内成了萜类的构建单位，也在其他生物体内成为其他多种化合物的构建单位。所有这些以异戊二烯单元为基础构建的化合物统称为"类异戊二烯"，它们是脂质中的一大类。

细胞生命的共同祖先建立了这条甲羟戊酸途径流水线，其本来目的可能是合成能作为生物膜原料的脂质。事实上，古菌的细胞膜与细菌、真核生物不同，其中的主要脂质虽然也是甘油磷脂，甘油的 1 个羟基也连着 1 个磷酸分子，但甘油的另外 2 个羟基连的却不是脂肪酸，而是 2 个各由 4 个异戊二烯单元拼成的植烷基团。我们可以大胆猜测，细胞生命的共同祖先的细胞膜成分可能与古菌类似，是由类异戊二烯构成的。

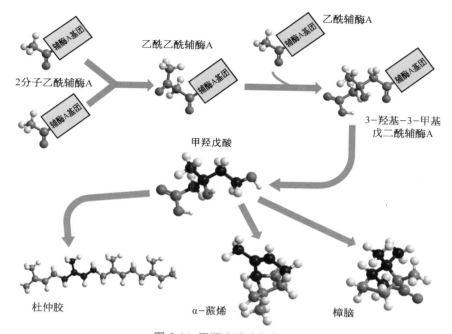

乙酰乙酰辅酶A

乙酰辅酶A

2分子乙酰辅酶A

3-羟基-3-甲基
戊二酰辅酶A

甲羟戊酸

杜仲胶   α-蒎烯   樟脑

图 6.11 甲羟戊酸途径简图

甲羟戊酸分子中棕色的 5 个碳原子就是异戊二烯单元，由这种单元拼接后分别形成杜仲胶、
α-蒎烯和樟脑（它们的分子中也用棕色各标出了一个异戊二烯单元中的碳原子）。

　　如果事实果然如此，我们只能遗憾地说，这些类异戊二烯看来不怎
么受欢迎，因为细菌和真核生物后来都抛弃了它，改用含脂肪酸的甘油
磷脂来构建生物膜了。不过，生物是最喜欢"废物利用"的，历经十几
亿年好不容易发展起来的这样一条流水线，不能说下岗就下岗。不同的
真核生物分别挪用这条流水线，改为生产其他产品。对植物来说，萜类
就是其中最重要的产品。

　　说实在的，萜类大概是最能体现植物化工厂创造性的产品了。植
物擅长把异戊二烯单元连成一长串，比如原产于巴西的橡胶树（*Hevea
brasiliensis*）就可以把成百上千个异戊二烯单元连起来，形成一种乳白
色的树脂。人们把橡胶树的树皮割破，让树脂流出来。经过必要的化学
处理之后，这种树脂就成了重要的工业原料——天然橡胶。我国特有的
植物杜仲（*Eucommia ulmoides*）以另一种方式把许多异戊二烯单元连

杜仲

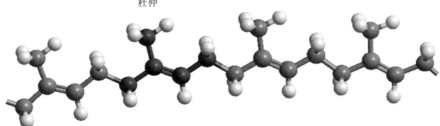

杜仲胶分子结构模型（局部）

图 6.12 杜仲和杜仲胶分子局部

杜仲胶分子中用棕色圆球表示的 5 个碳原子就是异戊二烯单元，由它首尾相连构成长串的杜仲胶分子。图中只标出其中 1 个异戊二烯单元中的碳原子，其余单元的碳原子依旧用深灰色圆球表示。（寿海洋摄）

起来，形成具有重要应用价值的杜仲胶。

　　然而，植物才不满足于这种简单的招数。在它们看来，异戊二烯单元根本不必非得呈直线连成一串，完全可以充分发挥碳骨架中每个碳原子的灵活性，尝试各种新奇的连接方法。就这样，植物利用异戊二烯单元创造出了多种多样的碳骨架，从而形成了多种多样的萜类。一开始，化学家还试图像创造"萜"字那样，为一些常见骨架的萜类化合物创造专门汉字，比如樟树（*Cinnamomum camphora*）可以分泌一种叫"樟脑"的萜类，于是就造了个"莰"字 [与樟脑的拉丁名"camphora"（樟树学名中的种加词就是它）的首音节"cam-"谐音]，用来指含有类似樟脑分子的碳骨架的萜类化合物。然而，随着化学界发现的萜类碳骨架越来越多，最后中国化学家终于意识到，这场造字游戏会没完没了，也就放弃了这种命名法。

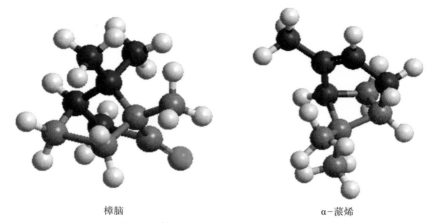

樟脑　　　　　　　　　　　　　　α−蒎烯

图 6.13 樟脑和 α−蒎烯的分子结构模型

这两种简单的萜类都各含两个异戊二烯单元（其中一个单元的碳原子用棕色圆球表示），但以不同方式连接。樟脑分子中的红色原子是氧原子。需要注意的是，萜类的异戊二烯单元中未必都有双键，有的双键已经在合成时进一步与氢结合，因而仅剩单键。

　　植物如此热衷于摆弄异戊二烯单元的原因也很简单：尝试合成几百几千种可能的萜类，其中总会有一两种可以与病原体或食草动物体内的某种蛋白质结合，从而对这些加害者起到毒害作用。事实上，绝大多数的萜类对植物来说都是防御性物质，有的能抑制细菌或真菌的生长，有的能让昆虫避而远之，更有个别化合物竟然能对大型食草动物产生强烈毒性，甚至置它们于死地。此外，还有一些萜类化合物虽然无毒，但可以吸引加害者的天敌前来，间接起到防御作用。一言以蔽之，植物完全是为了自卫，才"被迫"在萜类的合成技术上发挥创新性，从而能合成出五花八门的萜类化合物。

　　那么，人类为什么会喜欢很多萜类化合物的气味呢？有一个假说看来比较合理。因为很多萜类可以抑制病菌繁殖，所以人类很早就习惯靠吃一些富含萜类的植物来阻止随食物摄入的病菌在消化道中滋生。有些人类学家认为，人类的祖先曾经有很长一段时间（大约在 180 万～60 万年前）在素食之外还兼食腐肉，恐怕在那个时候，人类祖先就已经喜欢上萜类的气味了。

　　大约在 60 万年前，人类祖先终于学会了狩猎技术，可以主动猎杀

图 6.14 月桂——著名的
香料植物（寿海
洋摄）

野兽、经常吃上新鲜肉类了。然而，因为肉类很容易变质，滋生病菌，
远古人类仍然延续了靠吃芳香植物来杀菌的方式。有研究者发现，直到
今天，越是经常吃肉的人类族群，饮食中的香料植物也越多［比如月桂
（*Laurus nobilis*），其叶又名"香叶"，是常用香料］。不仅如此，热带地
区的族群总的来说比温带和寒带地区的族群更喜欢在饮食中添加香料，
因为气温越高，食物就越容易变质。

　　上面主要说的是植物对甲羟戊酸途径流水线的创新性利用。对于
靠运动躲避威胁的动物（包括人类）来说，虽然不需要利用这条流水线
合成毒物来对付天敌，但运动也会带来问题。植物不运动，所以发育出
坚实的细胞壁保护细胞不破裂；动物要运动，就不能发育细胞壁，但这
样一来，细胞膜就直接暴露在外，很容易破裂。因此，动物必须想到一
种既保持细胞膜的柔韧性，又增加它的刚性的办法，确保它不会轻易破
裂。巧的是，它们也是依靠重新利用甲羟戊酸途径流水线解决这个问题
的，而且生产出来的这种加固细胞膜的产品不是别的，正是前面已经提
到过的胆固醇。

　　胆固醇的分子结构非常复杂，但有机化学家早就发现，它们仍然
主要由异戊二烯单元构成。动物在合成胆固醇分子时要消耗不少氧气分
子，这说明这条大型流水线一定是在"大氧化事件"之后才逐渐发展而
成。在动物细胞膜中，胆固醇的含量可达 20% 或更高，可见它对动物

膜系统的重要性。

不仅如此，动物还以胆固醇为中心发展出一系列独具特色的流水线，比如利用胆固醇制造性激素，从而控制个体的性行为。相比之下，植物虽然也能合成类固醇，但这些化合物对植物来说不过又是一类防御性物质而已，意义就逊色多了。

当然，植物类固醇有一个有趣的特性——它们的分子上常常会接一个糖分子。由于糖分子亲水，而类固醇分子疏水，

图 6.15 肥皂草（寿海洋摄）

这使得二者的化合物也有两亲性，在水中可以像肥皂一样起泡，并且有一定的去污能力，因而它在化学上就被称为"皂苷"。因此，在以脂肪酸盐为主要成分的现代肥皂普及之前，世界各地都习惯用富含皂苷的植物煎汁作为洗涤剂，其中古希腊人常用肥皂草（*Saponaria officinalis*），而中国人常用皂荚（*Gleditsia sinensis*）和无患子（*Sapindus saponaria*）。肥皂草学名的第一个词（属名）和无患子学名的第二个词都是 *saponaria*，无患子学名的第一个词也以 *sap-* 开头，它们都来自拉丁文"sapo"（肥皂）一词。

6.5 颜色的奥秘——共轭双键和伍德沃德规则

除了甲羟戊酸途径，植物还有一条合成萜类的流水线，就是第 5 章第 3 节中已经提到的"MEP 途径"（甲基赤藓糖磷酸途径）。通过这条途径合成的萜类，有另外三个方面的重要功能：一是让植物能抵抗逆境；二是充当植物生长发育的调节激素；三是给植物着色。

植物因为不能主动逃离，所以对环境中各种逆境都只能强行抵抗。高温就是一种植物经常面临的逆境。植物对付高温有多种手段，前面已经提到了一些。比如当高温让"鲁比斯科"出错率升高的时候，C3 植物就利用光呼吸流水线回收它制造的废品，而 C4 植物干脆彻底改变了自己的解剖结构，为"鲁比斯科"营造了一个不易出错的环境。此外，高温还会让 DNA 老板下令召唤热激蛋白，后者可以起到多方面的作用，其中最重要的作用就是作为很多重要蛋白质的"分子伴侣"，保证那些蛋白质在高温下仍能维持正常的构型，不会因为变得奇形怪状而失去生理功能。

由于这些措施还不能完全抵抗逆境，植物又动用了萜类。在通过 MEP 途径流水线合成出异戊二烯单元之后，植物不是用它们来搭建更复杂的化合物，而是直接把这个 5 碳骨架以异戊二烯的形式释放出来。异戊二烯再溶解在植物细胞膜中，可以在较高温度环境下帮助细胞膜维持正常功能。当然，异戊二烯毕竟是一种极易挥发的气体，会不断从植物体内逸出，进入大气，这让它成了植物释放最多的挥发性有机物，总质量甚至与古菌释放的甲烷相当。在山区，森林释放的异戊二烯甚至还能在大气中形成凝结核，让水蒸气不断依附其上，产生小水滴。山林之所以多云雾，异戊二烯的释放是重要原因之一。

不仅如此，植物还能通过 MEP 途径流水线合成一种由 3 个异戊二烯单元拼合而成的激素——脱落酸。顾名思义，脱落酸是让叶、花、果实脱落的物质，然而它的功能其实要广泛得多，还可以抑制植物各方面的生长。在第 5 章第 3 节我们已经提到，在很多时候，脱落酸是对干旱、高盐、低温等逆境的报警信号，不仅可以让植物生长变慢，甚至还能促进植物转入休眠期，以便度过不适宜生长的季节。顺便说一句，除了脱落酸，赤霉素也是一种重要的萜类植物激素，只不过它的作用与脱落酸正好相反，是促进植物各方面的生长。

比起这些抵抗逆境、调节生长的功能来，萜类在植物色素合成

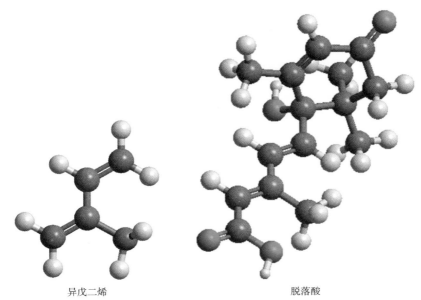

异戊二烯   脱落酸

图 6.16 异戊二烯和脱落酸的分子结构模型

脱落酸分子的碳骨架由 3 个异戊二烯单元拼合而成。你能自己划分吗?

中的作用恐怕更重要——在光合作用所需的四类色素中,叶黄素类和 β–胡萝卜素是地地道道的萜类,它们都是通过 MEP 途径流水线合成的。此外,两种叶绿素分子的核心结构虽然不是萜类(因而叶绿素不属于萜类),却仍然有一条长长的萜类"尾巴"(通过甲羟戊酸途径形成)。对叶绿素分子来说,这条萜类"尾巴"是一个巨大的疏水基团,可以让整个分子变得不溶于水,却对构成生物膜的脂质分子有很好的亲合性。这正好让叶绿素可以安安稳稳地嵌在叶绿体内部的生物膜上。

　　为什么叶黄素类和 β–胡萝卜素能够呈现出黄、橙、红等颜色? 其中的奥秘与它们分子中的碳碳双键有关。如果有许多双键在分子中排成一排,相邻两个双键之间各以一个单键隔开,就形成了化学上所谓的"共轭双键系统"。这种系统有一种神奇的功能,就是可以吸收特定颜色的可见光以及与紫光相邻的近紫外光,于是我们就看到这些化合物带上了颜色。

　　我们不妨先看看 β-胡萝卜素。它的分子两端是两个碳环，中间是一条长链，从一头的碳环到另一头的碳环共有 11 个共轭双键，这让它吸收最多的光是波长约 460 nm 的蓝光，于是它的颜色就呈现为蓝光的互补色——橙色。叶黄素类中的叶黄素的分子结构与 β-胡萝卜素类似，但连续的共轭双键只有 10 个。按照美国著名有机化学家、有机合成大师伍德沃德（R. B. Woodward）等人总结的"伍德沃德规则"——共轭双键越少，吸收程度最大的光的波长就越短，叶黄素会比 β-胡萝卜素多吸收紫光，同时少吸收绿光，结果就让它的颜色比 β-胡萝卜素更偏向光谱"彩虹"的紫色一端，呈现为黄色。

　　无独有偶，尽管叶绿素的显色部位不是萜类"尾巴"，但只要一瞧

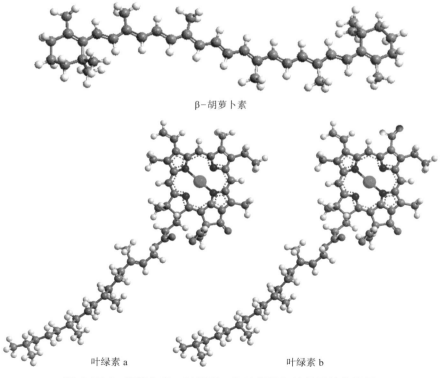

β-胡萝卜素

叶绿素 a　　　　　　　　　　　叶绿素 b

图 6.17 β-胡萝卜素、叶绿素 a 和叶绿素 b 的分子结构模型

叶绿素 b 分子与叶绿素 a 分子的唯一区别是前者右上角多了一个醛基中的双键；这两种分子中复杂的共轭双键用连续的虚线表示。图中绿色圆球代表镁原子，蓝色圆球代表氮原子。

它的核心结构，我们一样可以见到连续的共轭双键体系（当然，它们要比 β-胡萝卜素和叶黄素复杂）。两种叶绿素的分子结构非常相似，但叶绿素 b 比叶绿素 a 多一个双键。同样按照伍德沃德规则，这个多出来的双键会让叶绿素 b 吸收更多波长较长的光，从而让它的颜色更偏向"彩虹"红色一端的暖色调。事实正是这样——叶绿素 a 呈现为"冰冷"的蓝绿色，而叶绿素 b 呈现为带有一丝暖意的黄绿色（参见图 3.11）。

植物就这样利用共轭双键系统的神奇功能，创造出了与它们自给自足的生活方式紧密相关的四类色素，实现了对光能的利用。当然，善于挪用流水线和产品的植物绝不会放过把这些色素用在其他场合的机会。很多植物的花之所以呈现为黄、橙等颜色，就是因为其中有 β-胡萝卜素和叶黄素类。这两类色素此时"职能"一变，不再为光合系统的运行鞠躬尽瘁，却在"招蜂引蝶"——为花朵招引传粉昆虫任劳任怨。不仅如此，还有很多植物把 β-胡萝卜素和叶黄素类释放到果实里，用它们的鲜艳色泽吸引食果动物。连本来不是橙色的胡萝卜根，在喜好橙色的荷兰人手中经过培育，也能积累很多 β-胡萝卜素，变成鲜艳的橙色，甚至让 β-胡萝卜素因胡萝卜而得名。

番茄红素也是一种与上述四类色素结构非常相似的萜类。它的颜色是橙红色，也常常出现在果实中，起着"招徕"动物的作用。成熟的番茄（*Solanum lycopersicum*，又称西红柿）、辣椒和西瓜之所以呈红色，是因为它们都含有番茄红素。曾经有一个寓言说，辣椒很不解地问西瓜："我是红色的，你也是红色的，为什么大家都喜欢你，却对我敬而远之？"西瓜憨厚地回答："因为我的红色藏

图 6.18 成熟的番茄（寿海洋摄）

在心里，而你的红色全都露在外面。"如果把这个寓言改成生物化学版本，那大概就是，辣椒很不解地问西瓜："我因为含有番茄红素是红色，你也因为含有番茄红素是红色，为什么大家都喜欢你，却对我敬而远之？"然后西瓜回答："只是哺乳动物不喜欢你体内辣椒素的辣味而已。鸟类尝不出辣椒素的辣味，不是很喜欢你的果实、替你传播种子吗？再说，你大概还没碰上四川人吧？！"

　　植物体内的色素当然远不止萜类色素和叶绿素这两类。下一章就让我们见识一个更庞大的植物色素家族——花青素。

第 7 章

为生存而奋斗

7.1　万紫千红的世界——花青素

　　如果植物的花只含有萜类色素，虽然可以在我们眼前展现出温馨的暖色调，却总让人觉得有些单调乏味。然而，自从有了花青素，在姹紫嫣红的花朵装扮下，陆地植物就变得多姿多彩了。

　　花青素是一类分子中含有两个苯环的化合物，比如矢车菊色素。苯环对我们来说已经不算陌生了，第 4 章第 3 节已经简要介绍植物专门用来合成这个结构的莽草酸途径流水线和它的两个重要产品——苯丙氨酸和酪氨酸，以及由这两种氨基酸进一步制造的木质素。然而，尽管合成木质素需要消耗大量的苯环，但这仅仅是植物利用苯环的众多方式中的一种罢了。植物还能制造许多其他类型的含苯环的化合物，花青素便是其中之一。

　　因为花青素对人类生活很重要，合成它们的流水线现在已经研究得比较清楚了。首先，苯丙氨酸经流水线工人（酶）"宝儿"（PAL，为苯丙氨酸氨裂合酶的英文缩写）之手失去一个氨分子，成为肉桂酸；肉桂酸经下一个工人"曹四海"（C4H，为肉桂酸-4-羟化酶的英文缩写）之手，在苯环上加上一个氧原子，成为对香豆酸；对香豆酸被递到第三个工人手里，换上一个辅酶 A 基团，成为对香豆酰辅酶 A。

　　在植物细胞化工厂的流水线上，我们已经多次遇到辅酶 A 基团，它的作用是提高有机物分子的活性，让它们更容易发生化学反应。就像乙酰辅酶 A 一样，对香豆酰辅酶 A 也是植物细胞化工厂重要的半成品，可以作为原料用于合成多种多样的含苯环的化合物。比如它可以变成对香豆醛，再进一步变成对香豆醇（从对香豆酸到对香豆醇又是一条典型的"酸—醛—醇"流水线），而对香豆醇正是木质素的 3 种主要结构单元（单体）之一。

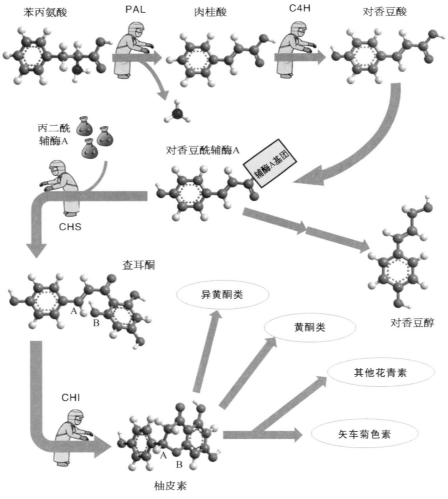

图 7.1 花青素的合成途径简图

查耳酮分子结构中 A 处碳原子直接与 B 处氧原子结合，就转变为柚皮素。

　　然而，在这众多以对香豆酰辅酶 A 为原料的流水线中，是一对技艺精湛的"姐妹花"工人让合成花青素的流水线显得特别惊艳。这对工人姐妹的姐姐叫"陈思"（CHS，为查耳酮合酶的英文缩写），在植物化工厂中是数一数二的技术精英。她的独门绝技是一次可以利用 3 个乙酰基团，把它们和对香豆酰基团一拼，制造出第二个苯环，从而形成查耳酮。回想一下植物通过莽草酸途径制造花青素分子第一个苯环的过程是多么复杂而漫长，动用的工人不下十个，而第二个苯环居然就这样简单地让"陈思"一个工人就搞定了！

　　紧接着，查耳酮分子在陈思的妹妹"陈爱"（CHI，为查耳酮异构酶的英文缩写）手里，又生成第三个环——含一个氧原子的杂环。至此，花青素的基本结构便构造出来了。剩下的就是一些相对不那么有技术含量的平凡工作，比如拿掉 2 个氢原子，或者换上 1 个羟基或甲基，最终，各种各样的花青素分子——矢车菊色素、天竺葵色素、翠雀色素、锦葵色素等就制造出来了。

　　和叶绿素或萜类色素一样，花青素分子能呈现鲜艳的颜色也是因为分子中含有共轭双键系统。然而，花青素分子与众不同的特点在于这套共轭双键系统很容易因为外界条件的变化而变化，结果让同一种分子在

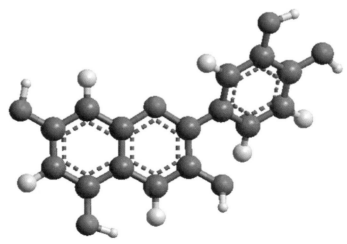

图 7.2 矢车菊色素的分子结构模型

不同条件下可以呈现出完全不同的颜色。在这些决定花青素颜色的外界因素中，酸碱环境是最重要的，也是最有趣的。

如果你有兴趣，可以做如下的小实验：取一棵紫甘蓝，把它切碎，在水里煮一煮，紫甘蓝里的花青素便溶解到水中。当然，如果你手头有榨汁机，可以直接把紫甘蓝加水榨汁过滤，得到紫红色的水。然后，取一个鸡蛋，先把蛋黄和蛋清分离，再把少量变凉的紫甘蓝水加到蛋清里，搅拌一下，你会发现，蛋清居然变成了蓝绿色！接着，你在热锅中倒入蓝绿色的蛋清，再将蛋黄煎熟，绿色煎蛋这道"黑暗料理"就做好了。

这种"诡异"现象的原理其实很简单。紫甘蓝所含的花青素是矢车菊色素，在偏酸性的紫甘蓝细胞中呈现紫红色。然而，蛋清却是偏碱性的，二者混合时，矢车菊色素会呈现为蓝绿色。所以，尽管是同一种物质，酸碱条件不同，颜色也不同。

除了酸碱环境，其他因素也影响花青素呈现的颜色。比如矢车菊色素得名于菊科的著名花卉矢车菊（*Centaurus cyanus*），这种植物的野生植株的花基本是蓝紫色。德国化学家威尔施泰特（R. M. Willstätter）曾经因为研究植物色素获得 1915 年的诺贝尔化学奖。他后来研究了矢车菊和红月季的色素，发现都是矢车菊色素。一开始，他以为这两种花的颜色不同是因为花瓣细胞酸碱性不同，然而很快就有日本学者指出，这两种植物的花瓣细胞其实都偏酸性。威尔施泰特因此大惑不解："到底是什么原因，让同一种色素在矢车菊中是蓝紫色，在红月季中却是红色？"

直到 21 世纪初，这个疑问才最终由日本学者武田幸作解开。原来，矢车菊色素在矢车菊中并非单打独斗，不仅抱成一团，而且还得到了其他分子和金属原子（更准确地说是离子）的协助。具体来说，蓝色矢车菊色素的真正单元是由 6 个附加了葡萄糖和其他基团的矢车菊色素分子、6 个附加了同样基团的芹菜素分子、2 个钙离子、1 个镁离子和 1 个铁离子组成的。在芹菜素和金属原子的帮助之下，矢车菊色素才得以

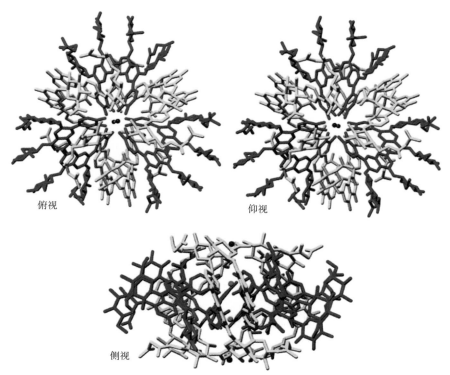

俯视　　　　　　　　　　　　仰视

侧视

图 7.3 蓝色矢车菊色素复杂的分子结构模型

这 3 幅图都是蓝色矢车菊色素分子在偏酸性环境中的结构。（图片引自 Takeda，2006）

在偏酸性的环境中稳定地展现出蓝紫色。

　　尽管花青素本身有很多种类，颜色又受到外界环境的控制，但它们主要呈红、紫、蓝色。不过，这也足够了。主要颜色为黄、橙、红的萜类色素在很多时候可以弥补花青素在色谱上的不足。就像红、黄、蓝三原色以不同比例混合，可以配出人类眼中的任何一种颜色一样，植物把这两类色素混搭起来，也能调配出人类眼中的几乎所有颜色。

　　不仅如此，经过"陈思"和"陈爱"姐妹俩的巧手之后，植物还能合成很多分子结构类似于花青素的物质，其中大多数分子中也含有 2 个苯环和 1 个含氧原子的杂环。在生物化学上，花青素和这些分子结构类似花青素的物质被统称为"类黄酮"。正如这个名称所示，一些非花青素类黄酮是黄色的，即使没有萜类色素，它们也可以让花朵带上淡淡的黄色（比如花椰菜的黄白色就是这么来的），因而又被称为"花黄素"，正好与"花青素"对应。

然而，非花青素类黄酮对花朵更重要的意义在于，尽管它们在可见光范围内只能呈现比较单调的颜色，甚至根本无色，但它们却可以大量吸收人眼看不见的紫外光。这样一来，很多在人类眼中呈现为纯色（比如纯白或纯黄）的花朵，因为含有非花青素类黄酮，在紫外光照射下却可以显出各种鲜明的暗色斑点和纹样。与人类不同，蜂类等传粉昆虫是可以看到紫外光的，这些紫外光下的暗斑对它们来说是绝好的指示牌，可以指示它们在花朵上"着陆"，进而找到花蜜。

7.2　一切以保命为中心——类黄酮和缩合鞣质

虽然类黄酮可以让植物向动物展示万紫千红的缤纷色彩，让动物帮助自己繁殖（授粉）和传播后代（种子扩散），但如果植物只为了这个目的就大费周折地发展出一大套从苯丙氨酸到查耳酮再到类黄酮的流水线来，那还是有点小题大做了。事实上，就和前面我们已经多次提到的情况一样，这条流水线的本来目的其实是服务于比吸引动物更紧要的任务。当然，这些更紧要的任务说穿了也很简单，不外乎是抵抗逆境和防御天敌。用更学术化的语言来说，是对抗威胁自己的非生物环境因子和生物环境因子。对于不能动的植物来说，这是它们确保自己生存的两大日常主题。

比如说，类黄酮可以吸收紫外光，这对陆生植物的生存就有重要意义。植物的祖先从水中上岸之后，虽然享受到了阳光中更多的可见光，能更从容地进行光合作用，但同时也被迫"享受"到了阳光中更多的紫外光。紫外光可以损害 DNA 分子，从而损害生物健康。对人类来说，强烈的紫外光可以伤害眼睛，引发白内障，更会伤害皮肤，导致日光性皮炎，而长期遭受紫外光照射甚至会引发皮肤癌。人类在生理上应对紫外光的方法就是合成能吸收它的黑色素——长期日晒之后皮肤会变黑，正是人类自保之道。当然，因为人类会动，又有智慧，只要盖起可以遮蔽紫外光的房屋，在阳光强烈的时候躲进小楼或其他遮阴处，就可以最大程度避免紫外光之害。即使非要外出暴露在紫外光之下，也可以用帽子、防晒霜和太阳镜，减轻紫外光对皮肤和眼睛的照射。

　　植物不能像人那样移动，又盖不了房屋，只能被动地承受紫外线。它们主要的应对之法就是合成类黄酮。当受到紫外光刺激之后，植物马上开始大量合成类黄酮，运送到叶、幼枝等幼嫩部位的表皮细胞中，因而这些类黄酮起到了类似人类皮肤中黑色素的保护作用。比起在紫外光照射下保命这么要紧的事情来，在花朵中显现出吸引蜜蜂的暗色斑块虽然不能说是无足轻重的小活，至少显得有点次要了。

　　再比如，乌桕等树木的叶子到了秋天不是变为黄色，而是变为红色，也是因为其中新合成了花青素。从经济学的角度来看，树叶变黄是一件很合理的事情，因为叶子凋落对树木来说显然是很大的物质损失，树木需要尽可能把叶子中一些稀缺物资抢救回来。叶绿素分子中所含的镁元素就是一种稀缺物资，所以树木要在落叶之前把这些镁运回枝干中

图 7.4　乌桕（*Triadica sebifera*）的红叶（寿海洋摄）

储存，于是叶绿素分子就被破坏掉了，树叶也就显示出叶黄素类的黄色来。然而，从表面看去，树叶变红却是一件很浪费的事情，因为合成花青素需要消耗额外的原料和能量，而这些花青素最后不免会随着凋落的树叶一起被舍弃。

为什么乌桕等红叶树种不惜浪费原料和能量，要往即将凋谢的叶子中积累花青素呢？对于这个迷人的自然现象，生态学界曾经提出了好几种有趣的假说，目前看来最有说服力的说法是：树木需要叶片继续进行光合作用，以提供回收养分的能量。然而在秋季低温条件下，光合作用流水线对阳光强度变得十分敏感，很容易受到过量光照的危害。于是这类树种就利用花青素吸收掉一部分阳光，保证光合作用流水线能继续运转到最后一刻。

无独有偶，很多树木的叶子在刚长出来时也是红色的，其中也富含花青素。这些花青素的作用很可能与秋季红叶中的花青素类似，也用于保护光合作用流水线不受过强紫外光的损害。当然，新叶的红色很可能还有其他功能，比如遮蔽叶绿素的绿色，让一些靠搜寻绿色寻找食物的食叶昆虫无法发现这些幼嫩叶子，从而避免它们还没长大就被啃食殆尽。

说到防御天敌，不能不提类黄酮抵抗真菌的作用。前面已经提到，在矢车菊的花中，矢车菊色素要想显出蓝色离不开金属原子和芹菜素的帮助。芹菜素也是类黄酮，在很多植物中都广泛存在，甚至在根本不开花的苔藓植物和蕨类植物中也存在。原来，它是一种植物抗毒素，也叫"植保素"。当植物遭到真菌等微生物入侵时，入侵部位附近的细胞收到报警信号，会迅速合成抵抗微生物的物质，这类物质就是植物抗毒素。拿高粱来说，它有一种非常严重的病害叫"炭疽病"。这种植物性的炭疽病与人和牲畜感染的炭疽病虽然同名，病原体却完全不同——动物炭疽病的病原体是一种细菌，而植物炭疽病的病原体是真菌。一些品种的高粱幼苗在遭到炭疽菌袭击后迅速合成芹菜素，竭力抵抗这些危险的不速之客。另一些品种的高粱幼苗虽然很少合成芹菜素，却会合成木樨草素等其他类黄酮。

　　不仅如此，植物还可以把花青素分子（比如矢车菊色素或翠雀色素分子）连起来，甚至连成一长串，形成很大的分子，就像把葡萄糖分子串成淀粉或纤维素、把氨基酸分子串成蛋白质一样。还记得前面曾经说过，未成熟的水果之所以涩是因为含有鞣质吗？鞣质也叫"单宁"，是两大类结构不太相同的有机物的统称，它们的共同特点是可以与蛋白质结合，进而破坏蛋白质的结构和功能。其中一大类鞣质叫"缩合鞣质"，就是这种由花青素分子连成串的分子，而正是它们使未成熟水果有了涩味。事实上，按照比较流行的说法，鞣质之所以让人感到"涩"，是因为它们与人舌头上的蛋白质结合，激活了人的触觉受体。说白了，鞣质的涩味在本质上是一种触觉。

　　从演化的角度来看，事情可以说很明了：在植物的祖先还没有花果、不需要靠动物来帮助传播的时候，这套合成类黄酮的流水线就已经有了，目的是帮助植物对抗环境中的各种威胁。直到种子植物演化出来之后，它们才开始挪用这条流水线，用来展现缤纷的色彩。在水果中，类黄酮的这两种功能干脆得到了完美的结合——水果未成熟时，花青素分子会串成缩合鞣质，起到保护果实不受真菌和没有经验的食果动物侵害的作用；在水果成熟时，花青素分子就不再串起来，

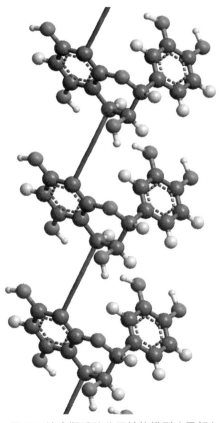

图 7.5 缩合鞣质的分子结构模型（局部）
图中为了显示构成缩合鞣质的基本结构，对分子做了变形处理，拉长了相邻的两个花青素单元之间的碳碳键。构成缩合鞣质的花青素单元不仅可以连成线形，而且可以有分支，因此缩合鞣质的实际分子结构要比图中复杂得多。

而是给水果染上鲜艳的颜色，吸引动物摄食，为它们传播种子。

当然，植物想不到的是，人类这种特殊的动物不光喜欢被花青素和其他花色素点染的花果，甚至连类黄酮的涩味都爱不释"口"，比如世界三大植物性饮料之一的茶（*Camellia sinensis*）。千百万年来，茶树因为叶子深受各种病虫害和大型食草动物的侵扰，不得不在叶片细胞中积累很多类黄酮（茶多酚大部分属于这类化合物），以此抵抗这些危险的敌人。茶树用充满涩味的叶子让大型食草动物尝而却步，却怎么也意料不到，在幼年时对涩味避之唯恐不及的人们，到成年后居然爱上了这种复杂的味道，结果自己的叶子竟然被他们大量采摘，用来泡或煮制那种满是苦涩感的饮料——其实就是茶叶中化学防御物质的水溶液。

不过，正是因为人类对茶的嗜好，才让茶树从中国云南和东南亚地区的深林里走出来，种到了世界很多地方。然而，茶园的开辟往往伴随着原生植被的破坏。看到那些还在为了生存而苦苦挣扎的野生植物，只因为对人类没什么直接用途就被彻底斩除，它们的家园也成了自己的"新殖民地"，茶树如果有意识，大概会觉得无比幸运吧？

7.3 大家族的化学标志——甜菜色素

尽管绝大多数被子植物都有合成花青素的能力，但偏偏就有一群被子植物失去了这个能力。它们就是石竹目的植物。

我们已经接触到了姜科、菊科、豆科、毒羊豆属、乌头属、天门冬属等植物分类学名词，在这里简要介绍一下这套术语。自从有"现代植物分类学之父"称号的瑞典植物学家林奈在 18 世纪开创了一套等级分类系统以来，全世界的生物分类工作基本都在该系统框架下进行。这套分类系统有几个基本等级，从大到小依次是界、门、纲、目、科（俗称"家族"）、属、种。种是生物分类的最基本单位，若干类似的种组成一个属，若干类似的属组成一个科，若干类似的科组成一个目……以此类推。尽管今天有一批分类学家觉得这种一级套一级的分类方法已经过时了，而且他们也提出了自己的"支序分类法"，但在多数情况下，古老的林奈式等级分类系统用起来仍然很方便，没有废弃的必要。

石竹目因包含石竹科而得名。按照最经典的形态分类法，这个目中还有苋科、马齿苋科、番杏科、紫茉莉科等科，其中有不少常见植物。就拿紫茉莉科来说吧，其中就有两种在我国种植非常广泛的花卉，一种叫紫茉莉（*Mirabilis jalapa*），另一种叫叶子花［这是叶子花属（*Bougainvillea*）众多园艺品种的统称］。紫茉莉喜欢在接近傍晚时才开花，所以在英语中叫"四点钟花"。它在我国有很多别名，比如"地雷花"，这是说它的果实表面黑色，有很多褶皱，像是地雷；又如"白粉花"，这是说它的种子可以磨成洁白的粉末，作为一种简易化妆品使用。至于叶子花，别名就更多了，包括"宝巾""三角梅""九重葛""簕杜鹃"……都反映了它们在我国南方栽培广泛、为人熟知的事实。事实上，我国有不少南方城市干脆把叶子花选作市花，其中包括厦门、深圳、珠海、海口、三亚等名城。

尽管紫茉莉和叶子花的花也挺鲜艳，但其中所含的色素并不是花青素，而是一类含有氮原子的特殊有机物，叫甜菜色素。之所以叫这个名字，是因为它最早是在苋科植物甜菜的根中发现的。一些甜菜品

图 7.6 紫茉莉（寿海洋摄）

种的根为深红色，这正是甜菜色素的颜色。起初，化学家以为甜菜色素不过就是分子中含氮原子的花青素——难道不是吗？它们都可以溶于水，都有在不同酸碱条件下变色的能力，都可以给花、果实甚至根、叶等器官着色，这是多么相似啊！如果非要说区别的话，就是含有甜菜色素的食物有时会让人的大小便也带上颜色，看上去像是血，往往把人吓一跳。

然而，深入研究发现，甜菜色素与花青素的分子结构相差很大。紫茉莉等植物合成甜菜色素的原料是酪氨酸，酪氨酸和苯丙氨酸一样，都是莽草酸途径流水线的目标产品。从这个意义上说，合成甜菜色素和花青素的总流水线在最开始那一段的确是一样的。然而在莽草酸途径之后，二者的流水线就彻底分道扬镳了。在合成甜菜色素的流水线上工作的完全是另一批工人，既没有"宝儿"，又没有"陈思"和"陈爱"姐妹俩。在这新的一批工人里，先是"唐昊"（TH，为酪氨酸羟化酶的英文缩写）给酪氨酸分子加上一个氧原子，使之成为左旋多巴。然后，又有两个工人分别把左旋多巴加工成两种不同的含氮有机物——环多巴和甜菜醛氨酸。最后，这两种有机物再拼到一起，就成为甜菜色素中的甜菜青素。此外，还有一个小流水线分支，可以加工出甜菜黄素类色素（比如梨果仙人掌黄素）。

植物分类学家发现，能够合成甜菜色素的植物绝大多数属于传统分类上认定的石竹目，只有一个例外，那就是仙人掌科——这是为什么有些人吃了富含甜菜色素的红心火龙果［这是仙人掌科细枝量天尺（*Hylocereus lemairei*）的果实］之后尿也会变红。然而，这并不能说明仙人掌科独立发展了这套独特的流水线。恰恰相反，很多事实都表明以前的分类有误，仙人掌科植物并不像传统分类学家认为的那样与西瓜、葫芦、秋海棠等植物近缘，前者其实是石竹目大家族中的一员。经过这样的分类学订正，我们便可以放心地说，合成甜菜色素完全是石竹目一些植物特有的能力，在被子植物中独此一家。

如今，植物分类学家运用类似 DNA 亲子鉴定的方法，可以比以前

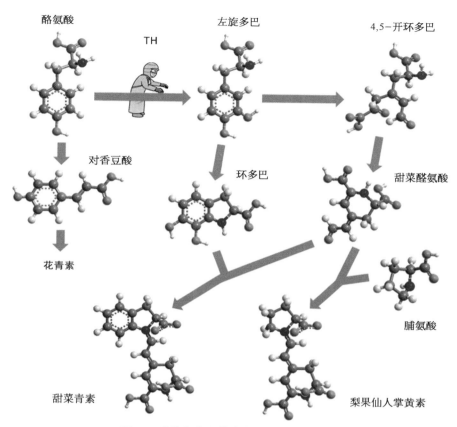

图 7.7 甜菜色素和花青素的简明合成途径

更准确地判断植物各家族之间的演化关系了。最新认定的石竹目已经增加到 38 个科，而茅膏菜、猪笼草等令人称奇的食肉植物（也称食虫植物）现在也成为石竹目的成员了。不过，在这个最新的石竹目里，尽管所有种类都是相对平等的，但有些种类比别的种类更平等——传统上通过形态定义的"小"石竹目（包括后来归入的仙人掌科），在现在这个"大"石竹目中仍然获得了最多的关注和研究力度，还被重新给予了"核心石竹目"这样一个趾高气扬的名字。

有趣的是，在核心石竹目中，大多数科的植物能合成甜菜色素，还能合成非花青素类黄酮，却偏偏不能合成花青素；同时至少有 3 个科的植物与此相反，可以合成花青素，但不会合成甜菜色素，其中就包括石竹目赖以得名的石竹科。植物学家相信，合成甜菜色素的流水线在核心石竹目的演化史上只被发明了一次。该目某位创新性的植物祖先组装完这整条流水线之后，并没有把合成花青素的流水线拆掉，只是把流水线最后阶段的一个工人解雇，让花青素不再成为目标产品而已。它的大部分后代都继承了这套做法，只有石竹科等3个科先后独立地背叛了"祖训"，抛弃了甜菜色素流水线，让它们闲置起来，却重新跟随被子植物的"大流"，请回了花青素流水线上那个被解雇的工人，于是又能生产花青素了。

为什么植物不能同时拥有花青素和甜菜色素，一定得"有你没我，有我没你"？为什么核心石竹目大部分科要别出心裁，用甜菜色素代替花青素？为什么石竹科又重新用回了甜菜色素？甜菜色素除了给花果着色之外，是否在植物体内有其他功能？到目前为止，这些问题都还没有特别明确的答案。当然，没有明确的答案不等于科学家没有给出过答案，至少有一些针对这些问题提出的假说。

比如，既然花青素和甜菜色素的主要功能差不多，那么从实用角度考虑，就没必要非得让两条流水线同时运转，避免产生额外的开销。这就好比家里的同一个房间里有两台电视机，通常你只会开其中一台，因为既然只开一台就能满足需求（通常你的视线和关注都只能聚焦在一台电视机上），那何必开两台，白白浪费更多的电？

至于同时拥有两条流水线的核心石竹目植物具体选择启动哪一条，那可能与它们所处的环境有关——也许在这个环境中是启动花青素流水线更经济，但在那个环境中是启动甜菜色素流水线更经济。这就好比你家的那两台电视机，第一台可以看更多的频道，第二台可以外接电脑。如果你想看那些平时不容易看到的频道，就开第一台；如果你想让电视机播放电脑上的视频，那自然就开第二台了。

当然，要给这些假说找到定量的、决定性的证据，还需要做更多的研究。相比之下，科学家对可水解鞣质——另一类在植物分类上具有重要意义的化学物质，就了解得更多一些。

7.4 曾经辉煌的工业原料——可水解鞣质

可水解鞣质因可与水反应并分解成更小的分子而得名，是鞣质中除缩合鞣质外的另一大类。它们的分子结构与缩合鞣质完全不同，不是链状，而是星形。以没食子鞣质为例，在它的分子正中间通常有一个葡萄糖分子作为"核心"；葡萄糖分子上的 5 个羟基分别与没食子酸形成酯，就形成从这个"核心"外伸的五条"臂"；没食子酸分子中也有羟基，通常还会再与另一个没食子酸分子连接，便让这五条"臂"伸得更长。

没食子酸又是一种含有苯环的有机物，而它的合成来自从莽草酸途径流水线中途分岔出去的另一条流水线。

为了方便后面的讨论，我们把上文提及的莽草酸途径流水线的步骤介绍得再详细一点：① 植物先以糖类分子为原料，经过几道工序之后，在"打哈欠"（DHQ 合酶）的操作下制造出第一个含 6 个碳原子的碳环的中间产物——3-脱氢奎尼酸（英文缩写为 DHQ）；② DHQ 经过一道工序形成 3-脱氢莽草酸，再在"沈大亨"（SDH，为莽草酸脱氢酶的英文缩写）的操作下形成莽草酸（或形成没食子酸），而莽草酸途径流水线正是因它而得名；③ 一个叫"鹅扑水扑水"（EPSPS，为 5-烯醇式丙酮酰莽草酸-3-磷酸合酶的英文缩写，简称 EPSP 合酶）的工人以磷酸烯醇丙酮酸（英文缩写为 PEP）为原料，在莽草酸分子骨架上引入一个含有 3 个碳原子的基团，这样就用莽草酸制造出了分支酸；④ 那个叫"聪明"（CM，为分支酸变位酶的英文缩写）的工人把一部分分支酸变成预苯酸，之后预苯酸很快被转化为苯丙氨酸和酪氨酸；⑤ 另一段流水线把另一部分分支酸转化为色氨酸（基本氨基酸之一），这也是"分支酸"一名的由来——它正好位于究竟是合成苯丙氨酸和酪氨酸，还是合成色氨酸的分叉点上。

在这条完整的流水线上，作为中间产物的 3-脱氢莽草酸分子结构已经与没食子酸分子非常相似了。作为一个掌握了两门技术的流水线工

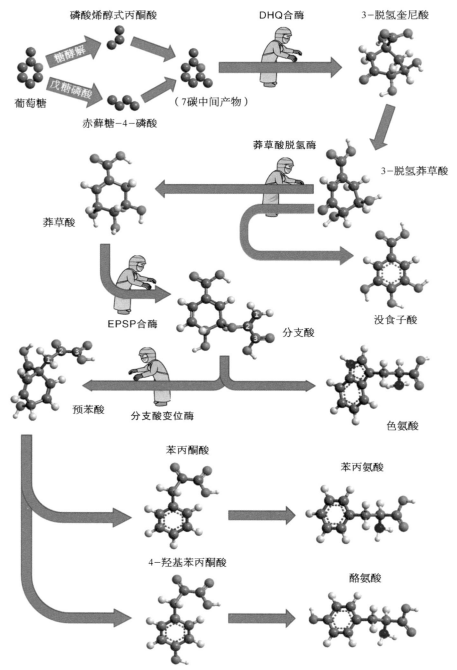

图 7.8 莽草酸途径完整步骤简图

图中流程相关说明参见图 4.8 "莽草酸途径主要步骤简图"和正文。

人，"沈大亨"既可以把 3-脱氢莽草酸加工成莽草酸，送到流水线的下一环节，又可以把它加工成没食子酸，送上可水解鞣质合成流水线的起点。当然，植物还有别的办法制造没食子酸，但归根结底要以 3-脱氢莽草酸作为原料。

比起缩合鞣质来，可水解鞣质能更有效地与蛋白质结合，破坏蛋白质的结构和功能，所以是对付微生物、寄生虫和食草动物的利器。虽然很多蕨类植物和几乎所有种子植物都能制造缩合鞣质，但能制造可水解鞣质的植物只限于被子植物中的一部分。可以想象，在植物与微生物、植物与动物之间"道高一尺，魔高一丈"的演化竞争中，谁都能制造的缩合鞣质渐渐让微生物和动物产生了耐受性，缩合鞣质作为防御武器也就渐渐不那么灵了。这时候，谁能够通过新设立的流水线制造新式武器，谁就有可能在演化竞争中占据上风。

正因为如此，植物分类学家通过考察被子植物合成可水解鞣质的能力，可以对它们之间的亲缘关系做出更好的判断，就像合成甜菜色素的能力让人们意识到仙人掌科也是核心石竹目的成员一样。现在已经知道，能够合成可水解鞣质的植物大多属于被子植物中一个叫"蔷薇类"的超级大家族（包含 17 个目），而属于被子植物中叫"菊类"的另一个超级大家族（也包含 17 个目）的植物却普遍缺乏制造这种防御物质的能力（不过，菊类植物擅长制造另一类特殊的防御物质——环醚烯萜类）。

当然，微生物和动物同样在不断演化，慢慢适应植物中的可水解鞣质。甚至还有一些昆虫，不仅不怕可水解鞣质，还学会了"借刀杀人"，利用它们来对付可能危害到自己的寄生虫和天敌。比如有一种叫盐麸木（*Rhus chinensis*）的树木，被几种蚜虫刺激之后，会长出袋状的"植物肿瘤"——虫瘿，其中含有大量可水解鞣质。这些蚜虫就躲在虫瘿里面，一边吸食盐麸木的汁液，一边靠这些鞣质保护自己不受天敌侵扰。无独有偶，地中海东部有一种叫没食子栎（*Quercus infectoria*）的树木，被瘿蜂寄生后也会长出富含可水解鞣质的虫瘿，而瘿蜂采取的策略与寄

图 7.9 盐麸木（寿海洋摄）

生在盐麸木上的蚜虫一模一样。面对这些狡黠的"寄生"昆虫，倒霉的寄主植物或许只能无奈地叹气："居然还有这种套路！"

盐麸木和没食子栎的不幸，却让人类意外捡了个便宜。这些树种身上的虫瘿因为含有丰富的鞣质，对人体有一定的生理活性，在现代医药发展起来之前是重要的传统药材，人们因此给这两种虫瘿各起了专名——盐麸木虫瘿叫"五倍子"，没食子栎虫瘿叫"没食子"（没食子酸正是因虫瘿得名）。

不过，比起入药来，鞣质（不管是可水解鞣质还是缩合鞣质）在工业上的用途要大得多，在以前更是如此。因为它们可以改变蛋白质的结构，所以能用来处理动物的生皮，让皮中的蛋白质不再容易被微生物分解和破坏。这步处理过程就叫"鞣制"。鞣质之所以得名，就是因为它们是"可以鞣革的物质"。经过鞣制之后，本来很容易腐烂或变质的生皮就变成了持久耐用的皮革。为了提取鞣质，人们曾经大量剥取一些树的树皮，其中栎树、栗树、细花含羞木（*Mimosa tenuiflora*）和柳叶破斧木（*Schinopsis balansae*）都属于被扒皮较多的产鞣质树种。

鞣质分子中的多个羟基可以结合铁之类的金属原子，从而呈现出很深的颜色，这让它们还可以做颜料和染料。欧洲人就曾经长期使用由没食鞣质和铁盐制成的鞣质墨水，也就是蓝黑墨水。这种墨水本来是深蓝色，但在接触到空气之后可以被氧化为黑色。氧化之后的墨迹变得不溶于水，形成难以擦除的永久性笔迹。因为这些工业需求，一直到 19 世纪，鞣质都是大宗工业原料。

然而进入 20 世纪，制革业和染料业找到了很好的替代品，鞣质的重要性也就一落千丈。比起鞣质来，铬盐是更好的鞣剂，可以鞣制出更不易变质的皮革；很多新型墨水不仅性能比鞣质墨水优异，而且不易变质，又没有腐蚀性。有了新工艺、新产品，人们就不需要那么多植物生产的鞣质了。这个例子再次说明：工业技术的进步往往会让人们变得不再深度依赖植物，就像钢铁打造的车辆和船舶替换了木车、木船，工业制造的肥皂和洗涤剂淘汰了肥皂草、皂荚等植物出产的植物皂一样。

当然，衰落归衰落，鞣质并没有完全退出曾经大放光彩的舞台。尽管铬鞣革如今已经大行其道，植物鞣革仍然以其独特的优势（比铬鞣法对环境友好，因为铬是一种会造成环境污染的重金属）顽强保留了一部分市场。虽然很多生产鞣质墨水的工厂和流水线早已停产，但直到今天，仍然有些国家规定，政府颁布的重要文件必须使用鞣质墨水来签名。

与此相反，医药领域对鞣质的生理活性研究却方兴未艾，不断有研究宣称发现了鞣质的"抗菌、消炎、止血、抗突变、抗脂质过氧化、清除自由基、抗肿瘤"等重要功效。然而，一定要记住以下最重要的根本事实：鞣质是植物用来对付微生物和动物的毒药；它们可以损害那些生物的正常生理活动，自然也会威胁到人体健康。事实上，含鞣质的药材普遍具有肝毒性，长期服用可能会导致脂肪肝、肝硬化，甚至诱发肝癌。

如果上述泛泛的警告不足以让你对某些"纯天然保健品""纯天然药材"产生警惕的话，那我们就来详细介绍另一类含苯环的物质——香豆素类的毒理作用，让你对所谓的"天然"二字有更多、更全面的了解。

7.5 让你发炎，使你流血——香豆素类物质

香豆素类物质是香豆素及其类似物的统称。香豆素和构成木质素的 3 种单体之一的对香豆醇都得名于香料植物香豆。香豆的香气主要来源于香豆素。

香豆素的分子结构比类黄酮简单一些，只有两个相连并共用一条边的环，其中一个是苯环，另一个是含有一个氧原子的杂环。合成香豆素的流水线与合成类黄酮的流水线关系非常密切——苯丙氨酸从莽草酸途径流水线上拿下来之后，首先也要经"宝儿"之手失去一个氨分子，成为肉桂酸。接下来，肉桂酸并没有交到"曹四海"手里，而是交到了另一个工人手里，但它做的工作与"曹四海"很像，是在肉桂酸分子中的

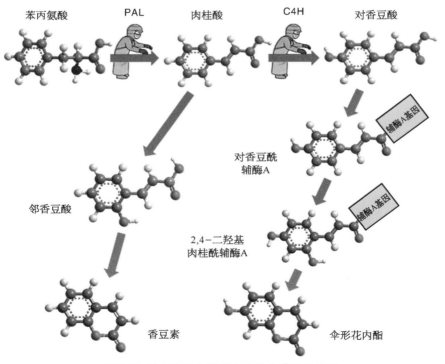

图 7.10 香豆素和伞形花内酯的合成途径简图

苯环的另一个位置加上一个氧原子。这个新增的氧原子在后来的加工过程中，就成为香豆素分子第二个环中的那个氧原子。

除了肉桂酸，在合成类黄酮的流水线上还有其他半成品，它们也可以用来合成分子结构类似香豆素的物质（比如伞形花内酯，它比香豆素多一个氧原子）。不仅如此，有些植物通过合成萜类的甲羟戊酸途径流水线系统，也能合成香豆素类物质。不同类群的植物运用不同方法，最后不约而同地合成出香豆素类，这说明这类物质一定对植物有重要意义，才让它们如此受植物青睐。当然，看过前面对类黄酮和鞣质的介绍之后，你一定已经猜到，香豆素类的重要意义无非还是那两点：一是抵抗逆境，二是防御天敌。

不过，因为类黄酮在植物化工厂中出现得早，包括人类在内的一些经常以植物为食的哺乳类已经对类黄酮有了很强的"解毒"能力，结果大多数类黄酮（第 8 章第 1 节将要提到的鱼藤酮等有毒种类除外）不仅对人类无害，反而还可以通过一些间接途径有益健康。与此不同，很多香豆素类物质和可水解鞣质一样，是比较晚出现的植物化学产物，人类和一些食草动物还没有找到完全让香豆素类物质无害化的办法，结果这类物质至今仍然对人类和食草动物有一定毒性。

有时候，这种毒理的机制看上去显得匪夷所思，但细细思考之后，又觉得十分恐怖。比如很多伞形科植物含有一类特殊的香豆素类物质——呋喃香豆素。它们本身似乎没什么毒性，无论是吃到肚子里，还是不小心沾到皮肤上，都不会有什么异样——前提是接触了呋喃香豆素的人得一直待在没有紫外光照射的环境中。一旦这样的人不幸被紫外光照到（比如被阳光照到），麻烦就来了。

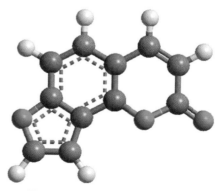

图 7.11 白芷素的分子结构模型
白芷素是呋喃香豆素的一种，以伞形科植物白芷（*Angelica dahurica*）命名。

一天之后，他的皮肤会发炎，轻则红肿、脱皮，重则鼓起难看的大水疱，消退之后常常还留下难看的深色瘢痕。在医学上，这叫"植物日光性皮炎"。

呋喃香豆素怎么会有这么吓人的作用？原来，它对紫外光很敏感，一旦被照射，就很容易转变为自由基。透过皮肤渗进表皮细胞里的呋喃香豆素遇到透射来的紫外线后变成自由基，就疯狂攻击细胞里的 DNA。DNA 被破坏之后，整个表皮细胞运转失灵，就会启动自杀程序——生理学术语叫"细胞凋亡"，最终大片表皮细胞坏死，释放出许多有害物质。这又会激活免疫系统，引来大量白细胞处理这些异物，结果就造成严重的炎症反应，出现上述种种典型的炎性症状。如果呋喃香豆素被吃到肚子里，那就更不得了，因为其中一部分会被肠道吸收，随血液在身体里周游，结果只要是身上能被紫外光照到的皮肤都可能发炎。

在伞形科植物中，最令人谈之色变的是原产于中亚和西亚高加索地区的一种高大植物——巨独活（*Heracleum mantegazzianum*）。起初，园艺学家觉得这种植物高大挺拔，便引种到欧洲和北美洲的很多国家，压根没想到这是地地道道的"引狼入室"，让它们在很多地区成了入侵植物。巨独活全株都含有呋喃香豆素，只要碰上一下，就可能让人产生严重的日光性皮炎，留下持久不退的瘢痕。园艺界都承认，当初贸然引种巨独活是彻头彻尾的错误，教训不可谓不深刻。

此外，芹菜、芫荽（俗称香菜）和胡萝卜这几种常见蔬菜也都是伞形科植物，它们也有可能引发一定程度的日光性皮炎，其中食用芹菜后出现的病例居多。长期驯化和选育的蔬菜尚且如此，在野菜中含有呋喃香豆素的种类就更多了。如果你不是特别爱好这种所谓的"纯天然"食品，那就尽量别吃野菜——特别是不认识的种类。

不仅如此，呋喃香豆素还有更"阴险"的毒性。葡萄柚是很多人喜欢的水果，它也含有几种呋喃香豆素，虽然不太会引发皮炎，却会暗中抑制肝脏中一些重要的解毒酶的活性。这些解毒酶本来用于破坏随食物摄入的毒素，一旦它们的活性被抑制，肝脏处理起毒素来就慢多了，这些毒素便可能对人体造成毒害。特别是一些药物，在肝功能正常时可以很快被代谢为无毒物质，但在肝功能不正常时，就可能引起大麻烦，甚至有让人丧命的风险。无怪乎在那些葡萄柚消费比较多的国家（比如美国），卫生部门都会警告患者在服药前切勿饮用葡萄柚果汁。

在香豆素类物质中，还有一种毒素是双香豆素，连来源都非比寻常。它并不是植物自己合成的物质，而是含有香豆素的植物在死后被某些真菌分解时，由这些真菌加工香豆素而形成的毒素。20 世纪 20 年代初，在美国北部和加拿大南部的牧场中出现了一种奇怪的牲畜疾病——有的奶牛在割去牛角的时候，伤口出的血怎么也止不住，最后流血而死。前来调查的兽医发现，这些奶牛都吃过由草木樨属（*Melilotus*）植物制成的干草，而且这些干草因为保存不当都发了霉。后来的研究表明，引发奶牛流血不止的罪魁正是这些发霉干草中所含的双香豆素。

原来，人和其他哺乳类在出血之后，血液中有几种叫"凝血因子"的蛋白质会被激活，通过一系列复杂的过程让血液凝固，最终堵住血管破口，避免进一步失血。在这个过程中，维生素 K 起了很关键的辅助作用。如果我们把出血比喻为建筑失火，凝血比喻为救火，凝血因子比喻为消防队员，那么维生素 K 就好比是负责开消防车的司机。

双香豆素的分子结构与维生素 K 有点相似。如果牲畜吃下双香豆素，一旦开始流血，双香豆素就会"冒充"维生素 K，却根本不干正事。这就好比在灭火过程中，中途强行插队、抢占消防车的冒牌司机根本就不会把车开往火场。没有了维生素 K 的协助，凝血因子就无法发挥作用，血液也就无法凝固，只能一直流下去，如同消防队员去不了火场，也无水可用，火就越烧越大，最后整栋建筑焚毁一空。因为含香豆素的食品在特定情况下有变成双香豆素的危险，FDA 在 1954 年干脆下了一纸禁令，不允许把香豆等含香豆素的香料作为食品原料。

面对植物合成的香豆素类毒素，人类和食草动物的祖先通过长期演化，学会了回避——这类物质不管闻起来有多香，吃到嘴里只有强烈的苦味。"苦"在很多时候意味着食物中有毒素，意味着必须立刻停止再

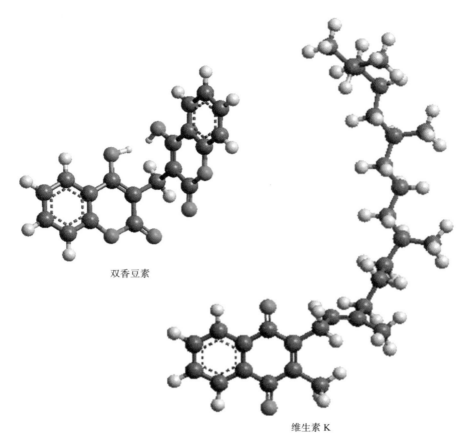

双香豆素

维生素 K

图 7.12 双香豆素和维生素 K 的分子结构模型
这两种分子的左下角有类似香豆素的环结构。

吃这种食物，以免中毒，因为这种令人不快的基本味觉实实在在是我们身体的自卫机制。如果你吃到的"天然食品"发苦，千万不要用"苦能败火"之类似是而非的传统说法自欺欺人——珍惜生命，赶快把它们吐出来！

香豆素类物质只是植物合成的种种凶猛的毒素中的一类。接下来，是见识更多植物毒素种类的时候了。

第 8 章

各显神通的毒师

8.1 扼断你的喉咙——植物细胞毒素

俗话说："八仙过海，各显神通。"经过长期演化，植物发明了各种毒素来避免遭受动物伤害。前面已经讲过南非毒鼠子和毒羊豆属植物可以合成氟乙酸，木薯含有氰苷，以及伞形科的植物能制造香豆素类毒素，然而这些只是有毒植物众多神通中的几种罢了。

正如"香"这个字在造字时就与植物有关，"毒"这个字也与植物有关。按照东汉许慎所著的《说文解字》，"毒"是形声字，起初上面是"屮"，像草木蓬勃生长的样子；下面是"毒"，尽管它今天的读音（读"ǎi"）与"毒"相差很大，但它曾经是"毒"字的声符（声旁）。后来，"屮"和"毒"上面的"士"拼在了一起，"毒"下面的"毋"被写成"母"，就成为现在我们熟悉的"毒"这个字形。

从这个分析出发，《说文解字》对"毒"字的解释是"害人之艸，往往而生"（"艸"同"草"）。这就是说，能够毒害人的草，举目望去到处都是，表明至少到东汉，古人已经知道有毒植物十分常见，在身边一找就很多。同样，在西汉《淮南子》等书记载的古史传说中，上古有神农氏，是中医药的开创者，他遍尝百草，曾经"一日而遇七十毒"，这也说明有毒植物种类繁多，稍不注意就会中招。

动物（包括人类）也是精细的化工厂，体内同样有许多流水线，其中有大量可被攻击的目标。植物正是利用这一点，卓有成效地探索了攻击动物体内各种目标的方法。如果要把这些方法都列出来，那将是一大本厚厚的毒理学专著。我们只能挑几种有代表性的植物毒素和方法讲一下，本节讲的是氰苷和氟乙酸。

先介绍氰苷。氰苷这类毒素本身没有毒，真正有毒的是它们分解后放出的氢氰酸。氢氰酸分子中的氰离子（由一个碳原子和一个氮原子构成，二者之间形成三键）很容易与铁离子结合，它一遇到铁离子就疯狂地扑上去，紧紧抱住不放，把铁离子束缚得动弹不了。然而，人体内很多酶都含有铁，铁在其中还起着至关重要的作用。一旦这些酶中的铁被氰缠上，无法再发挥作用，这些酶也就迅速失去了工作能力。

在人体内各种含铁的酶中，最关键的一种是细胞色素氧化酶。还记得呼吸作用的流水线吗？先是糖分子降解，其中的碳原子通过柠檬酸循环和其他流水线形成二氧化碳；接着是氢原子被拿到另一条流水线上与氧气分子结合成为水分子。细胞色素氧化酶就是后一条流水线上的关键工人，正是它负责把氧气分子和氢原子转化为水分子，同时释放出生命活动所需的能量。一旦细胞色素氧化酶失去效力，人体马上就失去了主要能量来源，整座工厂自然就停止运行了。因此，氢氰酸和氰化物这类含有能自由活动的氰离子的物质，是世界上毒性最猛烈的毒物之一。

然而，植物体内也有很多含铁的酶，其中包括细胞色素氧化酶。如果把氢氰酸喷到植物上，植物的呼吸作用一样会中断，植物也因此而死。为了让氢氰酸这种剧毒物质能害到动物，却不害到自己，植物想到了下面这个很妙的方法。首先，合成氰苷这类无毒的前体物质。氰苷分子中有 1～2 个糖分子基团，这让它们在水中有较大的溶解性，可以溶解在细胞的液泡里。然后，请来几个可以把这种前体加工成氢氰酸的工人，让它们在液泡的外面"待命"。平时，这几个制毒工人并不会接触到液泡里的氰苷，所以植物自身并不会受到氢氰酸的危害。再后，一旦植物细胞被动物破坏，液泡膜破裂，液泡里的氰苷涌出并与制毒工人接触，这些工人便知道到了最后时刻，马上把氰苷加工成氢氰酸（不过，对人类来说，即使没有这几个工人，氰苷在消化道中也会分解）。最后，在氢氰酸的作用下，动物即使不死，也会被毒翻，没法再继续加害植物了。

更妙的是，氰苷的合成并不困难。植物体内本来就有含碳氮单键的化学物质——氨基酸。只要找到合适的工人，把氨基酸中的碳氮单键转化为碳氮三键，氰苷中发挥效力的基团——氰基就有了。在日常生活中，苦杏仁（杏的种仁）大概是最容易接触到的含致死剂量氰苷的食物，其中的一种氰苷——苦杏仁苷就是用苯丙氨酸合成的。然而，苦杏仁苷经过一些步骤分解之后，除了生成氢氰酸，还会生成苯甲醛，而苯甲醛是一种有独特浓烈芳香的物质。为此，人们特意培育出了苦杏仁苷含量很低的甜杏仁，其中的少量苦杏仁苷已不足以让人中毒，却仍然具有独特的杏仁香。至于木薯中的氰苷，则是用异亮氨酸和缬氨酸合成的。

细胞色素氧化酶并不是呼吸作用中这条让氧气和氢结合的流水线上的唯一工人。如果其他工人的工作能力被毒素废掉，对动物来

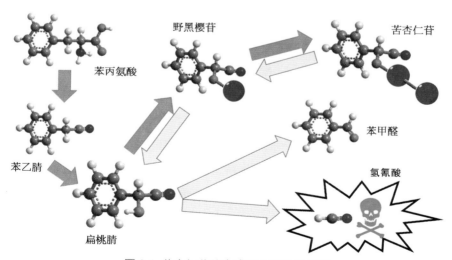

图 8.1 苦杏仁苷的合成和分解途径简图

蓝色箭头为合成途径，淡粉红色箭头为分解途径。野黑樱苷和苦杏仁苷中的蓝色大圆球代表葡萄糖单元。

说一样会导致灾难性的后果。比如豆科鱼藤属（*Derris*）和醉鱼豆属（*Lonchocarpus*）的植物，它们都含有鱼藤酮类毒素。从分子结构上来说，这些毒素属于类黄酮，但是与那些人畜无害的一般类黄酮不同，它们可以让呼吸作用流水线上一个叫"NADH-Q 还原酶"的工人失去工作能力，从而也能掐断细胞的呼吸进程。

与氢氰酸不同，鱼藤酮类毒素分子较大，亲水而疏油，无法自由通过主要由脂质构成的细胞膜。所以人类和其他陆生脊椎动物误食含鱼藤酮类毒素的植物之后，因为这些毒素很难被消化道吸收，又会引发强烈的呕吐反应，这让它们的毒害降低了不少（当然，梗着脖子硬灌到一定量还是能死人的）。但是，鱼类是水生脊椎动物，为了呼吸，它们要让大量的水流过鳃部，以吸收其中溶解的氧气。这样一来，鱼藤酮类毒素对鱼类来说就成了不折不扣的剧毒物质。在有鱼藤属和醉鱼豆属植物分布的地方，当地居民大多有用它们毒鱼的狩猎文化——尽管看上去不像用渔网打鱼那么"潇洒"，但也挺有效果。

当然，对鱼类来说，遭遇鱼藤酮类毒素根本是无妄之灾。鱼藤属和醉鱼豆属植物都是陆生植物，它们与水生的鱼类一直"井水不犯河水"——鱼类不可能以它们为食，它们也不是为了防止鱼的咬食才"发明"合成鱼藤酮类毒素的方法。事实上，这些植物要对付的主要是昆虫。昆虫体型小，只要通过消化道、气管或表皮吸收少量鱼藤酮，就足以致死（因此鱼藤酮可以作为杀虫剂）。只有人类，才干出了用含有鱼藤酮类毒素的植物去毒鱼的"残忍"之事。

至于氟乙酸，它要对付的则是柠檬酸循环流水线。氟乙酸可以生成氟乙酰辅酶 A，后者作为乙酰辅酶 A 的"冒牌货"，被流水线上的第一个工人（柠檬酸合酶）拿来与草酰乙酸组装成氟柠檬酸，而氟柠檬酸又是柠檬酸的"冒牌货"。本来，正常的柠檬酸在下一道工序中会经第二个工人（顺乌头酸酶）加工成顺乌头酸。但是，当顺乌头酸酶不加区分地拿起氟柠檬酸分子之后，才发现大事不好，自己已经被这个"冒牌货"缠住，再也无法动弹了。柠檬酸循环一旦中断，细胞内部的许多流

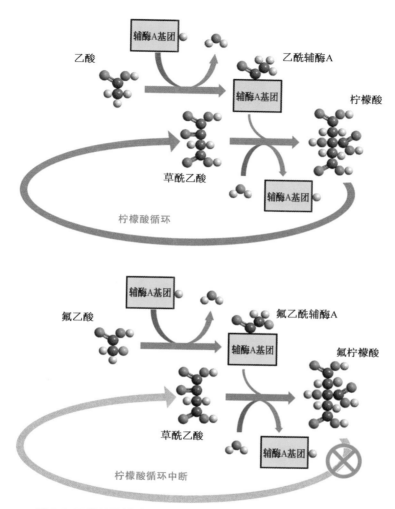

乙酸

辅酶A基团

乙酰辅酶A

辅酶A基团

柠檬酸

草酰乙酸

辅酶A基团

柠檬酸循环

氟乙酸

辅酶A基团

氟乙酰辅酶A

辅酶A基团

氟柠檬酸

草酰乙酸

辅酶A基团

柠檬酸循环中断

图 8.2 正常的柠檬酸循环与氟中毒的柠檬酸循环中断途径对比

水线都因为缺乏原料而中止，首当其冲的自然还是呼吸作用的流水线，于是动物最后还是因为缺乏能量而死。

8.2 麻痹你的神经——植物神经毒素

动物与植物的最大不同在于动物会运动。为了协调感觉器官和运动器官，动物专门发展了一套依赖电信号和化学信号分子传递信息的神经系统。"成也萧何，败也萧何，"神经系统一方面成了动物生理活动的控制中枢，另一方面却成了动物身上最适合攻击的目标之一。就像两军作战时，攻破对方的指挥部、"擒贼先擒王"往往可以起到事半功倍的效果，植物（以及其他生物）也很擅长对动物进行"斩首行动"，毒害动物的神经系统。神经系统失灵之后，动物的其他系统随之失灵，整个机体陷于瘫痪，也就没法再对植物造成威胁了。

在地球生命制造的最厉害的那些毒素中，有许多种类针对的是神经与肌肉相连接的部位——神经肌肉接头。这些毒素之所以厉害，是因为它们只要极少量就能破坏神经对肌肉的控制，之后动物不仅会丧失运动能力，还会因为呼吸肌的麻痹而丧失自主呼吸能力。如果动物一直吸不进氧气，那么细胞就会缺氧；没有氧气参与细胞内的呼吸作用流水线，动物身体马上就失去主要能量来源，整座工厂自然就停止运行了。

神经肌肉接头的运作过程有许多环节，其中几个环节有相应的破坏性毒素。对脊椎动物而言，神经肌肉接头前方的运动神经细胞在内部合成专门的化学信号分子——乙酰胆碱，并用一层膜把这些分子包裹其中，构成名为"突触小泡"的结构。在专门的蛋白质的引导下，突触小泡移动到运动神经细胞与肌肉细胞接触的地方，让包裹小泡的膜与运动神经细胞的细胞膜融合，然后把乙酰胆碱"吐"到两个细胞的间隙中。再后，神经肌肉接头后方的肌肉细胞上专门的蛋白质——专用受体与乙酰胆碱结合，就从神经系统那里获得了如何运动的信息。最后，完成任务的乙酰胆碱被专门的水解酶分解，成分被回收。

也许你听说过"肉毒素"这种东西，它是一种毒蛋白——肉毒梭菌毒素。顾名思义，它是由肉毒梭菌制造的，而肉毒梭菌是细菌，不是植物。一点也不夸张地说，肉毒梭菌毒素是生物化学产物中最毒的物质——对于一个体重 70 千克的成人来说，往静脉里注入约 0.1 毫克就足以让他有一半的概率死掉。肉毒梭菌毒素破坏的就是引导突触小泡运动到细胞间隙的几种专门的受体蛋白质。受它影响，肌肉细胞将无法从神经系统那里获得如何运动的信号，于是六神无主的肌肉就彻底瘫痪了。

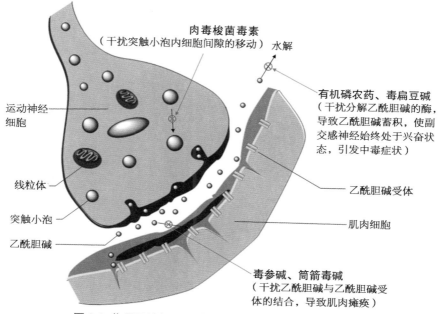

肉毒梭菌毒素
（干扰突触小泡内细胞间隙的移动）水解

运动神经
细胞

有机磷农药、毒扁豆碱
（干扰分解乙酰胆碱的酶，
导致乙酰胆碱蓄积，使副
交感神经始终处于兴奋状
态，引发中毒症状）

线粒体

乙酰胆碱受体

突触小泡

肌肉细胞

乙酰胆碱

毒参碱、筒箭毒碱
（干扰乙酰胆碱与乙酰胆碱受
体的结合，导致肌肉瘫痪）

图 8.3 作用于神经肌肉接头的一些毒素的作用机制示意
关于有机磷农药和毒扁豆碱，参见第 9 章第 1 节的介绍。

　　在制造最毒天然物质的竞赛中，植物虽然输给了细菌，但实力也不容小觑。在欧洲有一种植物叫毒参（*Conium maculatum*），它可以合成毒参碱等毒素，其中毒参碱专门对付动物肌肉细胞上的乙酰胆碱受体。这种毒素与乙酰胆碱受体结合之后，就让后者失去了与乙酰胆碱结合的能力，于是肌肉细胞同样无法从神经系统那里获得如何运动的信号，也会彻底失灵。

　　古希腊人发现了毒参能置人于死地的可怕毒性之后，很早就把它开发成一种毒药。古希腊著名哲学家、"希腊三贤"之首苏格拉底（Socrates）在被雅典民众以"渎神"和"腐蚀青年"为由判处死刑之后，本来有多次逃亡的机会，却因为不愿违背法律而毅然留下来接受死刑。按照他的弟子柏拉图（Plato）的记述，苏格拉底饮下了一种有毒植物煎的汁，随后双脚就开始麻木；接着，麻木的部位越来越高，经过大腿后到达腰部……最终，苏格拉底永远闭上了眼睛。这一系列描述基本符合毒参的中毒症状，所以今天大部分学者相信，正是毒参害死了这位古希腊的大哲学家。

毒参碱之所以被称为"碱"，是因为它的分子有弱碱性，可以与盐酸之类的强酸结合成盐，而这种弱碱性来自分子中的氮元素。在生物化学上，往往把主要由植物合成的这类含氮元素并呈碱性的有机物称为"生物碱"。当然，这是一个不够完善的名称，因为不是所有的生物碱都有碱性，也不是所有呈碱性的含氮有机物都是生物碱。毒参碱的分子结构并不复杂，合成过程也比较简单：先把 4 个来自乙酰辅酶 A 的二碳单元拼成 1 条含 8 个碳原子的长链，然后引入氮原子，再围出 1 个六原子环，搞定！

能够对付神经肌肉接头中的乙酰胆碱受体的植物毒素并非只有毒参碱。美洲热带雨林的植物的箭毒藤（*Curarea toxicofera*）和茎花毒藤（*Chondrodendron tomentosum*）都可以合成一种叫筒箭毒碱的生物碱，而筒箭毒碱也是通过与毒参碱相似的机理让动物中毒。南美洲的原住民发现了这种毒素的功能，就把它抹到箭头上。被这样的毒箭射中的猎物

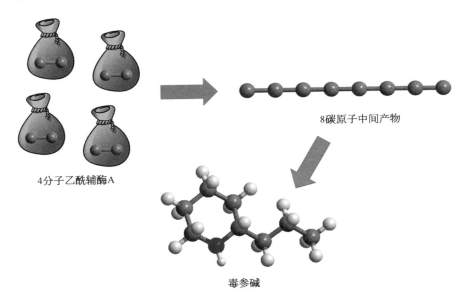

4分子乙酰辅酶A

8碳原子中间产物

毒参碱

图 8.4 毒参碱的合成过程简图
为了简明，图中的 8 碳原子中间产物只画出了碳链骨架。

全身肌肉会慢慢瘫痪，即使不因呼吸麻痹而死，也动弹不得，只能任由猎人处置。

筒箭毒碱的分子结构很复杂，但是经验丰富的生物化学家一看，就能找到其中的特征性结构——苄基异喹啉环，因而它属于苄基异喹啉类生物碱。在被子植物中，很多比较"原始"的类群就是靠各种各样的苄基异喹啉类生物碱来对付细菌、真菌和食草动物，这正如一部分蔷薇类植物主要靠可水解鞣质对付病虫害一样。这些苄基异喹啉类生物碱又以酪氨酸为起点合成，这让我们再一次见识了含苯环的有机物对植物的重要性。

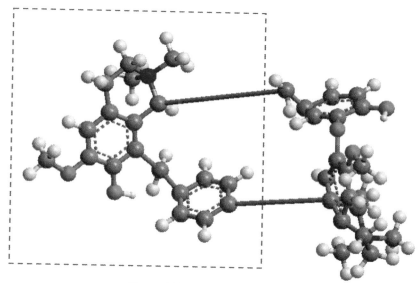

图 8.5 筒箭毒碱的分子结构模型

为了能更好地看清分子结构，图中对筒箭毒碱分子做了一定的扭曲变形。虚线框内为苄基异喹啉环。

说到毒箭，就不能忽略南美洲原住民用来制作毒箭的马钱属（*Strychnos*）植物。这些植物的种子含有番木鳖碱等生物碱，结构也非常复杂，以致有机化学家把人工合成番木鳖碱当成了一道智力竞赛题，不断发明新的合成办法。然而，我们也不难找到番木鳖碱中的特征性结构——吲哚环。这些吲哚类生物碱都是以色氨酸为起点合成的。

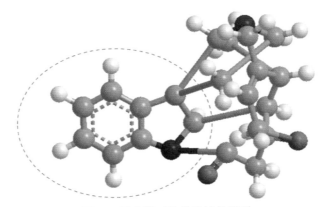

图 8.6 番木鳖碱的分子结构模型

为了更好地看清分子结构，图中对番木鳖碱分子做了一定的扭曲变形。虚线环内为吲哚环。

番木鳖碱对付的目标不是动物的神经肌肉接头，而是脊髓中负责向运动神经发信号的中枢神经细胞。被番木鳖碱缠上之后，运动神经始终处于兴奋状态，不断给肌肉发信号，根本平息不下来；完全忠实执行神经系统指令的肌肉也始终处于兴奋状态，拼命收缩，结果是让动物的身体失去控制。中了这种毒的动物头部拼命向后仰，身体也向后弯曲，形成一种奇特的姿势，如同一把反曲的弓（医学上称之为"角弓反张"），严重时同样会因呼吸麻痹而死亡。

马钱属植物在我国南方也有分布，曾经长期作为传统药材使用，也早就被古人当成了害命毒药。按照一些宋代人的笔记，五代十国时期的南唐后主李煜就是被宋太宗赵光义派人毒死的；有人进一步认为，李煜被迫服下的是"牵机药"，而中了这种毒的人身体弯成弓形，头和脚都挨在一起，死状极惨。从这种症状来看，"牵机药"很可能就是马钱子制剂。

作用于脊髓等中枢神经细胞、让运动神经一直兴奋的毒素，也并非只有番木鳖碱。我国南方的钩吻（*Gelsemium elegans*）俗称"断肠草"，就含有毒性与番木鳖碱同样猛烈的钩吻碱。这两种毒素的结构有很大相似之处，作用机理和中毒症状也颇为类似。当然，钩吻碱的毒害不是让人断肠，而是让人因肌肉麻痹而窒息。因为钩吻经常被人误以为是金银花而采来泡茶，所以有人因此送命。这再次警告我们：如果是不认识植物，千万别乱采乱吃！

8.3 来自流水线的毒药——萜类、皂苷类毒素和毒蛋白

尽管生物碱在植物毒素中占到了相当大的比重，但植物用来做毒素的物质真可谓五花八门。不管什么流水线，只要改造后可以制造出能毒害动物的物质，就都会被挪用。

拿萜类来说，虽然很多这类化合物具有怡人的香味，但也有一些剧毒的物质，很容易毒倒人或其他动物。芫花、瑞香、结香等瑞香科的观赏花卉普遍含有瑞香毒素之类的萜类毒素，如果不慎误食，就会引发呕吐、腹泻、口腔灼烧感等消化道中毒症状。瑞香科还有一种叫狼毒（*Stellera chamaejasme*）的野花，别名和钩吻一样也是"断肠草"，虽然颜色非常美丽，但听名字就知道不好惹，也含有瑞香毒素。狼毒多生长在内蒙古、青海等省区的草原之上，如果你在那里旅游时看到到处是狼毒，可千万不要以为这体现了草原的盎然生机。事实上，这种现象意味着这片草原上能吃的草已经被牲畜啃光了，只留下了狼毒这样牲畜不吃的毒草，因此狼毒其实是草场退化的标志种。

图 8.7 狼毒（寿海洋摄）

　　杜鹃花属（*Rhododendron*）的种类是广受欢迎的观赏花卉。它们尤其适合西欧的温和气候，以致西方园艺界甚至有"没有杜鹃花就不成园"的说法。然而，杜鹃花普遍含有棂木毒素等萜类毒素，对人的消化道、神经系统和心脏都有毒害作用。比人更惨的是羊，如果不慎误食某些杜鹃花的叶或花，肌肉就会麻痹，路都走不稳了，严重时会中毒而死。这就难怪有一种俗称"闹羊花"的黄色杜鹃花被定名为"羊踯躅"（*Rhododendron molle*），而"踯躅"一词就是形容羊中毒后走路缓慢、徘徊不前的样子。美国 19 世纪的自然文学作家、环保运动的先驱缪尔（J. Muir）在《夏日走过山间》一书中，也描述过羊误食某种杜鹃花的叶子后的惨状。

　　说到毒害心脏的物质，皂苷类毒素可谓一马当先。毛地黄（*Digitalis purpurea*）是花园里常见的观赏草花，有挺直的花穗，可以为园艺造景增添别致的竖线条。然而，它同样是一种剧毒植物，植株含有地高辛等有毒皂苷。人的心脏能跳动是因为心肌在搏动，而心肌的搏动与心肌细胞内外几种金属离子（钠、钾等）的浓度有密切关系。简单来说，心肌细胞要想正常工作，必须经常在细胞里面富集钾离子，同时驱除钠离子。为此，心肌细胞膜上有一种叫"钠钾泵"的蛋白质专门从事搬运工作，把钠离子从细胞内搬到细胞外，同时把钾离子从细胞外搬到细胞内。然而，地高辛恰恰可以与钠钾泵结合，从而废掉它的工作能力。一旦心肌细胞内部因此失去了正常所需的金属离子浓度，心肌的搏动就会出现异常；再严重一点，就是心跳停止、血液循环失去动力，随后很多组织无法获得血液带来的氧气，细胞无法通过呼吸作用产生能量，机体最后就只有死路一条了。

　　既然心脏在动物的生理活动中占据这么重要的地位，除了毛地黄，其他一些植物也学会了用有毒皂苷对付动物心脏的招数。比如夹竹桃（*Nerium oleander*），因为它含有夹竹桃苷，成了都市中最常见的剧毒植物之一。非洲的羊角拗属（*Strophanthus*）植物与夹竹桃有较近的亲缘关系，因为含有乌本苷，经常被原住民用来制作毒箭。在东南亚地区，原住民常用一种乔木见血封喉（*Antiaris toxicaria*）的树液提取箭毒——见血封喉苷。不过，"见血封喉"这名字虽然很酷，其实不怎么贴切，因为它的机理是让心脏停止跳动，而不是让人无法呼吸；能让人因呼吸麻痹而死的钩吻，倒是更适合这个名字。夹竹桃苷、乌本苷和见血封喉苷都属于皂苷类毒素。

除了生物碱、萜类、皂苷这些相对较小的分子，植物还能像肉毒梭菌那样合成有毒的蛋白质，而这些毒蛋白的作用机理更能展示它们的"狡黠"。

图 8.8 上海辰山植物园温室中的见血封喉（寿海洋摄）

一般来说，蛋白质进入人的肠道后，大多数会被消化成氨基酸和多肽；少数消化不了的蛋白质（比如构成毛发、指甲和动物鳞片的角蛋白）要么成为肠道细菌的食物，要么原封不动地排出。所以毒蛋白要想毒害到动物，一是不能被消化，二是要想方设法进入动物细胞内部。这个进入动物细胞的办法就是与细胞膜表面的糖蛋白结合。

细胞膜除了有两层脂质分子，还有许多嵌在其中的跨膜蛋白。这些蛋白质有多种多样的功能，比如转运蛋白可以把特殊物质搬出或搬进细胞。很多跨膜蛋白露在细胞膜外面的末端上会结合复杂的分支状糖链（所以管它们叫"糖蛋白"），而这些糖链由多种单糖分子连接而成，同样具有多种功能。分支状糖链的一大功能是识别敌我，因为基因不同，每个动物个体合成的糖链都有特异性，可以被身体里的"卫士"——免疫细胞识别，知道带有这些糖链的细胞是"自己人"。如果免疫细胞遇到的细胞上有不能识别的糖链，它们就会怀疑这个细胞要么是外来的

（比如是细菌或来自同种生物的其他个体），要么是走上邪路的肿瘤细胞，于是就召唤大部队来消灭它。这也是为什么器官移植会有排异反应的原因。

很多植物可以合成一类叫"植物凝集素"的蛋白质。本来，这些蛋白质的功能只是调节植物本身的生长，但它们碰巧又可以与动物细胞表面的糖链紧紧结合。假如把植物凝集素加入动物血液中，它们便会与红细胞表面的糖链结合，进而把原本分散的红细胞都凝结在一起。虽然植物凝集素被动物吃下后首先遇到的并不是红细胞，而是消化道细胞，但它们同样可以牢牢黏到消化道细胞之上。

植物不会错过这个毒害动物的机会，于是常常在果实、种子中合成植物凝集素，一来对种子的萌发有帮助，二来顺便就对付了动物。比如豆科植物的种子大多富含营养，成为动物觊觎的食物来源。很多豆科植物的豆荚和豆子（种子）中就有植物凝集素。一旦人或食草哺乳类吃下这些豆荚或豆子，其中的植物凝集素就会与消化道细胞（特别是小肠绒毛细胞）表面的糖链结合，从而破坏这些细胞的正常形态，造成细胞病变、坏死，于是动物就中毒了。我们都知道没煮熟的菜豆（*Phaseolus vulgaris*）的豆角不宜食用，人吃多了会上吐下泻，就是因为生豆荚中有菜豆凝集素。作为蛋白质，菜豆凝集素在高温下会变性，所以菜豆煮熟了不会有毒性。

有的植物更阴险，先合成两种蛋白质，一种是凝集素，另一种是对付动物体内流水线的毒蛋白，然后把它们捆绑在一起，成为复合毒蛋白。这种复合毒蛋白被动物吃下之后，其中的凝集素与动物细胞膜结合，从而把整个分子绑定在膜上。这一部分膜可以向细胞内凹入，形成小泡，这样就把毒蛋白带进细胞内部。在条件合适的时候，复合毒蛋白的两部分分开，其中毒蛋白进入细胞质里，就可以尽情施展破坏作用了。事实上，这种方式也是肉毒梭菌赖以荣登"生物界毒王"的招数。

蓖麻（*Ricinus communis*）是能制造复合毒蛋白的代表植物。蓖麻种子富含油脂，但同时含有多种毒素，无法供人食用，只能作为工业用

油。在蓖麻合成的那些毒素中，最毒的就是蓖麻毒蛋白。它的分子包括
A 链和 B 链两部分，其中 A 链破坏细胞中的核糖体，而 B 链是凝集素。
从第 5 章第 3 节我们已经知道，核糖体是制造蛋白质的地方，如果核糖
体被破坏，细胞将无法制造蛋白质，也就是无法召唤各种生命化工厂所
需的流水线工人、搬运工人、报信工人……于是整个工厂便又不可救药
地停摆了。

　　如果蓖麻毒蛋白只是被吃下，那它主要破坏消化道细胞（这些倒霉
的细胞还真是替动物体挡了不少敌人），毒性作用相对较弱。要是它被
注射进血液或者吸入呼吸道，那就极为致命了——一个体重 70 千克的

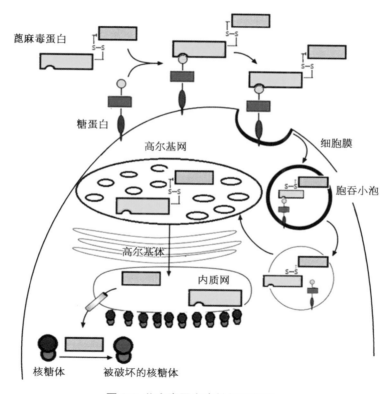

图 8.9　蓖麻毒蛋白毒性机理简图

完整的蓖麻毒蛋白包含 A 链（图中用淡蓝色矩形框表示）和 B 链（图中用黄色矩形框表示），
两链之间通过"双硫链"（以"S—S"表示）连接，其中 B 链是凝集素，可与细胞膜表面糖
蛋白上的糖链结合。细胞通过胞吞作用把这种毒蛋白吞入细胞，而毒蛋白经过高尔基体之后，
其 A 链在内质网中与 B 链分离，起到破坏核糖体的作用。[据 Patocka（2018）改绘]

图 8.10 相思子的果荚
（左）和种子（右）
（寿海洋摄）

成年人，静脉注入约 1.5 毫克的蓖麻毒蛋白，足以让他有一半的概率死掉。尽管这个 1.5 毫克的数字比肉毒梭菌毒素的 0.1 毫克大了许多，却足以让蓖麻在植物界位列 "毒王" 级别了。正因为如此，提纯的蓖麻毒蛋白曾经被人当作暗杀用的毒药。

此外，一种叫相思子（*Abrus precatorius*）的植物也能在种子中合成与蓖麻毒蛋白毒理相同的毒蛋白，这种毒蛋白当然也非常致命。不幸的是，相思子的种子半红半黑，红色部分非常鲜艳，经常被做成手串之类的饰物，因此有被误吞的危险。如果误吞的是外壳完好的种子，因为这层外壳人体无法消化，问题还不大；若是吞下的种子外壳已经破损，甚至是咬碎了才吞下，想要活下来的话，就只能马上去医院，一分钟都不能耽搁了。

8.4 植物也能致癌——植物致癌物

植物对动物的毒害绝大多数是急性的。这很好理解：面对打到门口的敌人，必须马上把它们解决掉，不然自己就完了。如果有植物想下一盘大棋，寄希望于几天、几个月后才把动物害死，就算这招数果真有效，但只要没能当场驱走或毒翻动物，那还是难逃被吃残或吃光的命运。自己都不存在了，害死动物又有什么意义呢？

但是，对于人类这种独特的动物来说，植物的慢性危害性不能忽视。通过医疗、营养和公共卫生技术的进步，人类的寿命如今已经大为延长，一些年纪越大越高发、难以治愈的严重疾病，取代了传染病、营养不良症等传统疾病，成为人类新的主要死因。在这些现代社会的新型严重疾病中，癌症（恶性肿瘤）无疑是最让人谈之色变的一类。

尽管癌症的种类繁多，但根本发病机理是一样的：人体一些细胞中的 DNA 分子发生了突变，遗传密码遭到了篡改，导致这些细胞不受控制地疯狂增殖；在这些肿瘤细胞的破坏之下，整个身体只能无奈地停止运转并最终死亡，而这些"缺乏远见"的肿瘤细胞自己也随之死掉了。用本书中的比喻来说，本来在人体这座化工厂中，每个分厂（细胞）中的 DNA 老板都是同样的分身，所有分身齐心协力在维持整座工厂的运转。但是，突然有些分身发生了变化，产生了"独立"意识，认为自己才是真正的老板，然后它们就开始搞"厂中之厂"，使出全部力量开动那几条可以让自家分厂越盖越多的流水线，疯狂抢夺流水线运转所需的各种资源，从而破坏了正常的其他分厂。最后，原来的 DNA 老板长叹一声，在临死前宣布工厂倒闭，而它叛逆的分身本来还志得意满，要继续扩张自己的工厂，却发现所有的资源都供应不上了，最后也只能在绝望中死去。

有研究者认为，人体内大部分 DNA 突变是在 DNA 分子本身的复制过程中毫无理由地发生的。这就是说，无论我们怎么呵护自己身体里的 DNA 老板，它在制造自己的新分身的过程中总会出点错误；尽管大部分是无关紧要的小错，但也有个别是"一失足成千古恨"的大错，让少数分身成了邪恶叛逆者。尽管如此，医学界并不否认有很多外界因素可以加剧 DNA 的突变。这些外界因素就是致癌因子，而能致癌的化学物质就是致癌物。

很多证据确凿的致癌物是自然界中原本没有或很少大量出现、几乎由人类自己制造出来的物质，前面提过的甲醛和苯就是如此。在天然存在的致癌物中，有一些是无机毒物，比如镉、镍、铍、砷及其化合物，以及六价铬化合物、放射性物质；有一些是病毒，比如乙肝病毒、人类免疫缺陷病毒（即艾滋病病毒）、人乳头瘤病毒；还有一些是可入肺

图 8.11 关木通（寿海洋摄）

的矿物粉尘，典型例子是石棉。然而，一些植物非要挤进这个名单里，以证明植物界的"多才多艺"，代表种类是关木通（*Isotrema manshuriense*）和广防己（*Aristolochia fangchi*）。

关木通是一种藤本植物，主要产于我国北方。它曾经被作为传统药材木通的替代品入药，是主要来自山海关外的"关药"中的一种，所以得名"关木通"。广防己也是藤本植物，因为主要产于两广地区并以"防己"之名入药而得名。

20 世纪 90 年代，比利时等欧洲国家陆续出现一些因为服用草药而引发的肾衰竭病例。患者吃药的目的本来只是减肥，却万万想不到会让肾脏坏死。虽然很多草药都可能引发肾病，但就最严重的这些病例而言，罪魁祸首很明确，就是关木通、广防己等少数几味草药。在植物学上，它们都是马兜铃科植物。

进一步的研究表明，马兜铃科植物普遍含有马兜铃酸。从合成过程来看，马兜铃酸属于广义的苄基异喹啉类生物碱，尽管马兜铃酸的分子结构不太典型，而且呈酸性而不是碱性。虽然马兜铃酸的毒性机理目前还没有完全弄清，但是多种证据表明，最有可能是因为它们在人体内转变为一种高活性的中间产物。这种中间产物分子结构扁平，正好可以嵌进双螺旋状的 DNA 分子里，去攻击 DNA 中的两个嘌呤类碱基（腺嘌呤和鸟嘌呤），把自己硬连在它们上面，由此造成 DNA 分子结构畸形，从而导致肾细胞死亡，最终引起整个肾脏的病变。不仅如此，这些畸形的 DNA 在复制时还会出现突变，诱发泌尿系统癌症。因为相关证据很明确，一些国家在 21 世纪初纷纷禁止了含马兜铃酸的药物的售卖。

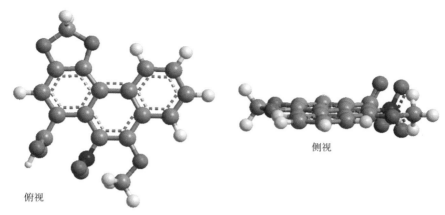

俯视

侧视

图 8.12 从不同角度看马兜铃酸Ⅰ分子

马兜铃酸Ⅰ是众多马兜铃酸中的一种。图中可见它的分子本身就具有扁平结构，在人体内转变成的高活性中间产物也有类似的扁平结构。

在国际癌症研究机构（IARC）最新公布的第一级致癌物名单上，还有槟榔（*Areca catechu*）和烟草（*Nicotiana tabacum*）。与含马兜铃酸的植物不同，这两种植物的致癌性并不是因为本身含有致癌物，而是与人类消费它们的方式有关。

槟榔的果实在亚洲南部地区是一种嗜好品，它含有一种叫槟榔碱的生物碱。槟榔碱是用烟酸合成的，而烟酸属于 B 族维生素，是细胞生物不可或缺的物质之一。在第 2 章第 3 节中我们提到从柠檬酸循环流水线上运走氢的还原型辅酶Ⅰ，在第 3 章第 3 节中提到在光合作用中运送氢的还原型辅酶Ⅱ，它们的合成都需要以烟酸为原料。槟榔一边用烟酸制造生命活动必需的物质，一边顺便拿它来合成槟榔碱。

与其他生物碱一样，槟榔碱对动物也有急性毒性。此外，它还可以作用于人类的神经系统，让嚼食者感受到一种欣快，长期摄入甚至会让人上瘾。难怪没吃过槟榔的人觉得它很难吃，而爱好它的人却欲罢不能，时不时就要来一包。然而，尽管一直有人怀疑槟榔碱也有致癌性，但真正让嚼槟榔成为一种致癌因素的主要是"嚼"这个动作。

原来，槟榔的果肉很硬，在咀嚼过程中难免会擦伤口腔黏膜。口腔黏膜偶尔出现的损伤可以很快修复，但如果反复让黏膜受损，长期积累下来就会发生不可逆转的病变——口腔黏膜下纤维化。在这个过程中，槟榔碱之类的毒性物质更是火上浇油，加快病变的发生。一旦这样的癌前病变形成，它就很容易转化为口腔癌。

烟草叶子中含有尼古丁（又称烟碱）。尼古丁的分子结构与槟榔碱有些相似，也是由烟酸合成的。事实上，烟酸最早就是在化学家研究烟碱的过程中发现的，因而得名。比起槟榔碱来，尼古丁毒性更强，更容易让人成瘾，所以很多人一旦形成烟瘾，想要戒掉就很困难了。

然而，目前并没有科学证据表明烟碱本身有致癌性。吸烟之所以致癌，主要是因为在烟叶燃烧的过程中会形成焦油，焦油才是致癌的主力。不过，就和嚼食槟榔的情况一样，烟碱虽然不直接致癌，但可以在人类内创造有利于肿瘤发展的环境，最终起到"从犯"的作用。

对于上述植物或其消费方式，现有证据可以明白无误地确认它们是致癌因素。还有一些植物虽然致癌证据较弱，但也值得警惕。比如蕨（*Pteridium aquilinum* var. *latiusculum*）的幼嫩叶子是东亚地区常见的一种野菜，却含有一种萜类毒素——原蕨苷。有一些证据表明，长期食用这种蕨菜会诱发食道癌、胃癌等上消化道癌症。因此，蕨菜现在也被医学界列入了"可能的致癌物"。当然，这不意味着我们连一口蕨菜都不能吃；偶尔吃一顿，风险还是非常低的，只要别当成家常蔬菜长期吃就

图 8.13 蕨（寿海洋摄）

好。不过，如果某些人就是喜欢吃蕨菜，可以容忍它的潜在致癌性，坚持经常食用，那是他们的自由。

毕竟，"一种食物有没有毒"和"应该不应该吃这种食物"是完全不同的两个问题，前者是个科学问题，可以有客观的结论；后者却是个伦理问题和个人习惯，不同价值观的人会根据自己的主观判断做出不同的回答。科学家可以把学术界对食物毒性的最新共识告诉公众，也可以夹杂他本人在判断该不该吃某种食物时所持的立场和观点，但最终的选择权利还在消费者自己。

8.5　人类也会毒杀植物——除草剂

植物可以通过高超的技艺来给动物下毒，人类也会"以其人之道还治其人之身"——研制出专门的毒药来杀死植物。这种专杀植物的毒药就是除草剂。

如今，市面上产销量最大、应用最广的除草剂是草甘膦（glyphosate）。它的分子结构不复杂，一端与甘氨酸分子几乎一样，另一端则是一个残缺的磷酸基团，"草甘膦"这名字就是这么来的。至于为什么用了"月"字旁的"膦"而不是"石"字旁的元素"磷"，这又是酷爱造汉字的化学家搞的文字游戏了。

草甘膦的作用机理与植物合成苯环的莽草酸途径有关。莽草酸途径流水线上的工人"鹅扑水扑水"（EPSP 合酶）一般以磷酸烯醇丙酮酸（PEP）为原料，在莽草酸分子骨架上引入一个含有 3 个碳原子的基团。草甘膦在分子结构上很像 PEP，当它被喷到植物的叶子上并被吸收到植物体内后，也会来到莽草酸途径流水线旁边。"鹅扑水扑水"不能察觉草甘膦与 PEP 的区别，只有把草甘膦分子抓来后才发现不对劲，但为时已晚，草甘膦分子已经牢牢粘在它的"手"上，很难再摆脱掉了。"鹅扑水扑水"的工作能力被草甘膦废掉之后，流水线就彻底中断，植物失去了合成苯丙氨酸、酪氨酸、色氨酸以及其他含苯环的重要物质的能

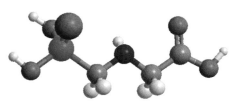

图 8.14 草甘膦的分子结构模型

草甘膦的分子虽然简单，却含有碳（用深灰色圆球表示）、氢（用浅灰色圆球表示）、氧（用红色圆球表示）、氮（用蓝色圆球表示）、磷（用紫色圆球表示）共 5 种元素。

力，最后只有死路一条了。

草甘膦对植物如此凶猛，对微生物和动物却比较友好。很多微生物体内也有莽草酸途径流水线和"鹅扑水扑水"，但这些工人比较精明，能分辨草甘膦与 PEP 的差别，不容易抓错，所以不会被草甘膦毒害。不仅如此，微生物还可以把草甘膦分解成简单、对植物低毒的物质。至于动物，由于体内压根没有莽草酸途径流水线，就更不容易受草甘膦危害了。

不过，草甘膦对植物的无差别杀害也让它的使用受到很大限制，比如不能在已经出苗的田里使用。为此，农学家想到了解决办法，就是把微生物体内那种能不受草甘膦影响的"鹅扑水扑水"请到农作物体内。这样，在田里施用草甘膦时，尽管农作物自己原有的"鹅扑水扑水"无法工作，来自微生物的工人却可以顶替它，让流水线继续运作下去，于是农作物便安然无恙，悠闲地看着身边的杂草遭殃。这种俗称"转基因技术"、用于改造农作物的基因修饰技术将在第 10 章继续介绍。

除了草甘膦，还有其他除草剂可以专门对付植物体内特有的流水线。比如，既然动物体内不光没有莽草酸途径流水线，还缺失了一套乙酰羟酸途径流水线，无法合成分子中碳链有分支的缬氨酸、异亮氨酸和亮氨酸，那么是不是可以找到一种物质专门对付植物体内乙酰羟酸途径流水线上的工人，却不伤害动物呢？答案是肯定的。有一大类叫"磺酰脲"的物质，最初发现它可以降低血糖，所以成了重要的降糖药，至今还有广泛应用。后来，农学界意外发现它们可以专门废掉植物体内叫"啊哈"（AHA 合酶，中文全称是乙酰羟酸合酶）的工人，而"啊哈"正是乙酰羟酸途径流水线上的关键工人，于是一类叫"×磺隆"的磺酰脲类除草剂就陆续开发出来了。

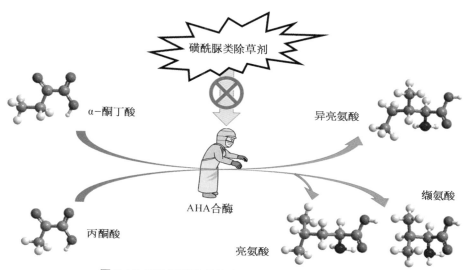

图 8.15 乙酰羟酸途径简图（示磺酰脲的除草机理）
乙酰羟酸途径流水线的两种原料之一的 α-酮丁酸可以利用一种叫"苏氨酸"的必需氨基酸制造；另一种原料丙酮酸可以通过多种方式制造，比如它是从葡萄糖到乙酰辅酶 A 的流水线上的重要中间产物。

　　再如，既然植物可以通过类似动物激素的物质干扰动物的生理活动，人类也可以合成类似植物激素的物质，反过来干扰植物的生理活动。其中，有一类重要的植物激素叫生长素，在浓度合适的时候，正如它的名字所示，可以向植物细胞传递积极的信号，让植物细胞加快生长；但如果浓度太高，却会让植物的生长出现异常，不该长的地方瞎长一气，最后植物因为畸形而死。

　　知道了生长素在不同浓度下的不同效应，化学家便找到各种功能类似生长素但比它效力更强的"山寨生长素"，其中 2,4-D（2,4-二氯苯氧乙酸的英文缩写）就是最著名的一种。说实话，2,4-D 的分子结构与生长素的差别还是比较明显的，但是植物细胞以前从来没有遇到这种物质，根本不知道它不是生长素，只是模模糊糊觉得有点像："咦，好像看到让我们生长的信号呢！"因此，较小剂量的 2,4-D 也可以促进植物苗壮成长，但在较大剂量的 2,4-D 作用下，植物的组织一样会出现生长异常，最后死亡。于是，2,4-D 就成了一种除草剂。

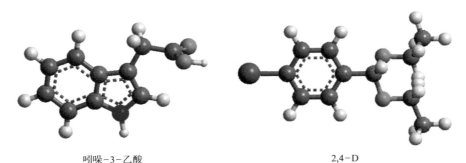

吲哚-3-乙酸　　　　　　　　　　　　　2,4-D

图 8.16　吲哚-3-乙酸和 2,4-D 的分子结构模型

吲哚-3-乙酸是具有代表性的植物生长素，它的分子中含有吲哚环，与番木鳖碱分子结构（图 8.6）很相似。图中较小的红色圆球表示氧原子，而 2,4-D 分子中最左侧较大的红棕色圆球表示卤素溴的原子。

　　与草甘膦不同，2,4-D 并不能无差别地杀死所有植物，其中水稻、小麦、玉米等禾本科作物对它的耐受性就比较强。这种选择杀灭性让 2,4-D 成了农田中一种比较理想的除草剂，可以在去除藜、马齿苋、田旋花等阔叶杂草的同时，不伤及已经萌发、正在出土的禾苗。

　　不光是 2,4-D，商品名为"麦草畏"（dicamba）的 3,6-二氯-2-甲氧基苯甲酸的分子结构与生长素差别更大，但同样可以产生类似生长素的效果，于是也成了很好的除草剂。"麦草畏"与 2,4-D 一样，也具有专门去除阔叶杂草、对禾本科作物手下留情的选择杀灭性。不过，还有很多禾本科的杂草，仗着自己与禾本科作物有类似的"体质"，也能逃过 2,4-D 和麦草畏的屠戮。

　　那么，有没有专杀禾本科杂草，却对大豆、棉花之类的阔叶类作物网开一面的除草剂呢？当然也是有的。我们已经知道，植物的生长除了需要氨基酸，也需要脂肪酸，其中长链饱和脂肪酸是以乙酰辅酶提供的乙酰基团一节节拼起来的。有一类除草剂就专门对付合成长链饱和脂肪酸的流水线上一个叫"爱吃醋"（ACC，为乙酰辅酶羧化酶的英文缩写）的工人，让植物无法合成足够的长链脂肪酸而死亡。尽管阔叶植物和禾草体内都有"爱吃醋"，但这回恰恰是一些禾草对这类除草剂特别敏感，而阔叶植物有较好的耐受性，于是这类除草剂就有了"禾草灵"的美称。

当然，由于植物体内最大型的特色生理活动是光合作用，因而它的流水线暴露了更多的可攻击目标。如今，有十几类除草剂都瞄准了光合作用流水线。以溴苯腈（bromoxynil，商品名为"伴地农"）为例，它可以破坏光反应 II 系统流水线，让光合色素收集到的太阳光能量失去控制，在光合作用车间里制造出大量的自由基。这些自由基"恶狼"到处搞破坏，导致植物细胞陷于崩溃，植物最后就死了。

无论是有毒植物对人体的毒害，还是除草剂的应用，都反映了人类与植物之间紧张的一面。然而，植物的"毒师"本色还有对人类有益的一面——治疗人类的疾病，并启发人类研制出更强大的药物。

第 9 章

现代药的祖师

9.1 与毒一线之隔——托品烷类药物

如今，茄科这个家族的许多植物已经是我们餐桌上的常客了。在东北菜里"地三鲜"很有名，主料是茄子、青椒（辣椒的无辣味品种）和马铃薯（俗称土豆），这些都是茄科植物。还有番茄和辣椒，前者集蔬菜和水果于一身，后者是世界上很多地方深爱的佐料。对于平时吃惯了这些植物果实的人来说，如果突然从饮食中拿掉它们，说不定会有很长时间难以适应。

在上述 4 种茄科植物中，只有茄子原产于亚洲（有学者认为最早在我国西南部驯化）；其他 3 种都是原产于美洲的农作物，在 1492 年哥伦布开辟通往美洲的新航海之后才陆续传入旧大陆（亚洲、非洲和欧洲的合称）。然而，与今天大受欢迎的局面不同，马铃薯和番茄刚传入欧洲的时候，一些欧洲人甚至根本不敢吃它们。

欧洲的文献第一次记载番茄是在 1544 年。当时南欧的西班牙人很可能已经开始吃番茄了，但是在欧洲其他地区，它就没有这么好的待遇。16 世纪末有一个英国医生编了一部本草书，声称番茄有毒，不能食用。在后面的一百多年间，北欧人根本不吃它，中欧的德国人甚至管它叫"狼桃"。

马铃薯的遭遇也没好到哪里去。直到 18 世纪，它在法国还被视为

图 9.1 凡高名画《吃马
铃薯的人》

该画描绘了贫困农家晚上在
昏暗灯光下吃马铃薯的景
象，是凡高自认为其最好的
作品之一。

一种有毒、不洁的植物，议会甚至专门颁布了禁止种植的法令。即使在
已经接受马铃薯作为农作物的其他欧洲国家，它也只是被视为一种下等
人的食粮。直到 19 世纪初，连番的战乱和灾荒才让马铃薯的价值凸显
出来，最终成为欧洲重要的粮食作物。

为什么欧洲人这么怕番茄和马铃薯？一个重要原因在于，欧洲有几
种野生茄科植物是它们的近亲，与它们长得很像，而这些欧洲本土的茄
科植物都有毒，其中颠茄（ *Atropa belladonna* ）就是典型代表。颠茄长
得很像辣椒，但全株有剧毒。特别是它的果实，成熟时饱满、多汁、诱
人，吃上去也有一丝甜味，然而甜味过后就是痛苦的中毒症状——视力
模糊、行走不稳、口干舌燥、心动过速、出现幻觉、语无伦次……如果
吃得很多，可能就没命了。正因为如此，颠茄不仅在欧洲历史上多次被
用来投毒，而且在欧洲民间传说中还是一种巫术植物，认为女巫们最喜
欢用它。很多人相信，月圆之夜在皮肤上涂抹由颠茄等植物制成的魔力
药膏，可以让自己变成"狼人"。番茄之所以会被德国人叫作"狼桃"，
归根结底是受颠茄的连累。

茄科确实是植物界有名的"毒师"家族，它们擅长合成多种生物
碱。第 8 章第 4 节提到的烟草也是茄科植物，它的特长是合成既有毒又
让人上瘾的尼古丁。即使是马铃薯，全株除了地下的块茎之外也都有
毒，其中含有的龙葵碱可以让人上吐下泻、头疼欲裂；块茎发了芽后也

图 9.2 颠茄（寿海洋摄）

不能食用，因为新芽周围的龙葵碱含量最高。颠茄则含有多种托品烷类生物碱，如莨菪碱、东莨菪碱等，误食的中毒症状正是由这些生物碱引起。这些托品烷类生物碱是用鸟氨酸（一种不能构成蛋白质的氨基酸）合成的，而鸟氨酸是植物用谷氨酸合成精氨酸（这两种都是基本氨基酸）的流水线上的半成品。

那么，为什么颠茄所含的托品烷类生物碱会有这样大的毒性呢？原来，这与人体内两套不受意识主观控制、功能正好相反的自主神经系统相关，其中一套是交感神经，另一套是副交感神经。粗略来说，交感神经可以让人兴奋、心跳加速、呼吸急促、血脉偾张和瞳孔放大，为的是集中精力对付眼前可能危及生命的局面，若不能战斗，就赶紧逃走；副交感神经则可以让人安静、心跳减缓、呼吸平和、胃肠蠕动和消化腺分泌增加，为的是能在相对安宁的环境中休息，或是悠闲地消化食物。

与神经肌肉接头一样，在副交感神经系统的神经细胞之间传递信号的化学分子也是乙酰胆碱。不过，副交感神经细胞接收乙酰胆碱的受体（蛋白质）与肌肉细胞的乙酰胆碱受体不是同一种。就像毒参碱和筒箭毒碱可以专门对付肌肉细胞上的乙酰胆碱受体一样，托品烷类生物碱专门对付副交感神经细胞上的乙酰胆碱受体。这些受体的功能被干扰之后，人的副交感神经便失灵了，于是交感神经不受控制地让人不断兴奋、更兴奋，最终兴奋至死。

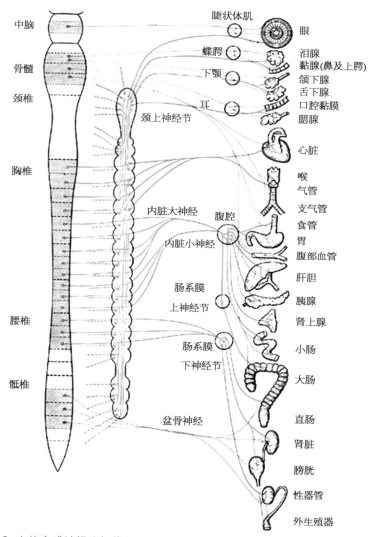

中脑

睫状体肌

蝶腭

眼

骨髓

下颚

泪腺

黏腺(鼻及上腭)

颈椎

耳

颌下腺

舌下腺

颈上神经节

口腔黏膜

腮腺

心脏

胸椎

喉

气管

支气管

内脏大神经

腹腔

食管

胃

内脏小神经

腹部血管

肝胆

胰腺

肠系膜

上神经节

肾上腺

腰椎

肠系膜

下神经节

小肠

大肠

骶椎

直肠

盆骨神经

肾脏

膀胱

性器管

外生殖器

图 9.3 人的交感神经（红线）和副交感神经（蓝线）（图片引自 "维基百科 Sumtec"，CC BY-SA 4.0）

这听上去挺吓人，但医学界对这样一类抑制副交感神经的毒物如获至宝。要知道，还有相当一大类毒药可以不停地刺激副交感神经，让人变得安静、更安静，安静至死。比如常用的有机磷类农药就可以破坏人体内分解和回收乙酰胆碱的水解酶，让乙酰胆碱一直蓄积。其中，在副交感神经细胞之间蓄积的乙酰胆碱会一直刺激副交感神经，不仅让包

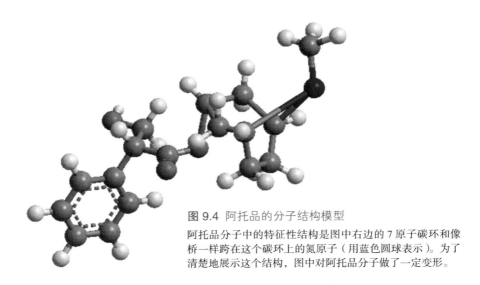

图 9.4 阿托品的分子结构模型
阿托品分子中的特征性结构是图中右边的 7 原子碳环和像桥一样跨在这个碳环上的氮原子（用蓝色圆球表示）。为了清楚地展示这个结构，图中对阿托品分子做了一定变形。

括唾液腺在内的消化腺分泌增加（所以有机磷农药中毒者会口吐白沫），而且让呼吸道腺体的分泌也增加，造成急性肺水肿，严重者可因呼吸衰竭和缺氧而死。这时候，急救医生需要的恰恰是能抑制副交感神经活动的药物，于是托品烷类生物碱就派上用场了。

颠茄等茄科植物体内的莨菪碱被提取出来之后，会转化为一种形态比较稳定的物质——阿托品（atropine，这个英文单词正好来源于颠茄学名中的第一个单词 *Atropa*，也就是它的属名）。对急性有机磷中毒者马上注射阿托品已经是再基础不过的急救常识了，而阿托品也因此成了世界卫生组织（WHO）确定的基本药物之一。

那么，如果发生阿托品或其他托品烷类生物碱中毒呢？急救医生当然不会让中毒者去喝有机磷农药，而是使用另外两种来自植物的生物碱：一种是毒扁豆碱，它从豆科植物毒扁豆（*Physostigma venenosum*）中提取，与有机磷农药一样，可以阻碍乙酰胆碱的水解和回收，造成乙酰胆碱蓄积，但效果比较温和；另一种是匹罗卡品（又名毛果芸香碱），从芸香科植物解表木（*Pilocarpus microphyllus*，旧名毛果芸香）中提取，与阿托品是"赤裸裸"的竞争关系——它也可以直接与副交感神经上的乙酰胆碱受体结合，但具体作用不是抑制，而是使劲地刺激这种受体。就这样，拜植物所赐，医生手里有了两类相互对抗的药，哪类药效过量，就从另一类药中选出合适的品种对抗一下，很方便。

颠茄的例子说明，植物合成的那些原本作用于动物神经系统的毒药，在医生手里可以转变为有用的现代药物。毒与药，有时候真的只有一线之隔！

9.2 堕落与拯救——麻黄碱和吗啡

麻黄和罂粟的故事，能更好地让我们了解某些植物化学产物亦毒亦药的本质。

麻黄是麻黄属（*Ephedra*）植物的统称，它们在我国西部和北部有广泛分布，常出现在干旱和半干旱地区，比如草麻黄（*Ephedra sinica*）。麻黄在分类上属于没有真正的花和果实的裸子植物，但在裸子植物中，它们大概可以算是与被子植物最相像的类群了。比如被子植物在繁育下一代时有双受精现象（精细胞一分为二形成精子，其中一个精子与卵结合，另一个精子与一个叫"极核"的细胞结合），这曾经被视为被子植物独有的特征，但后来植物学家发现麻黄也有类似的双受精过程；很多被子植物的果实肉质多汁，可以吸引动物摄食以便传播种子，麻黄属的

图 9.5 草麻黄
麻黄属植物的叶退化为鳞片，用绿色的茎进行光合作用。与仙人掌一样，这是对干旱环境的适应。（寿海洋摄）

部分种类也是如此，成熟的种子外面包有颜色鲜艳诱人的"果皮"（其实是肉质苞片），虽然不是果实，却酷似果实。

有几种麻黄能合成对动物有毒的生物碱——麻黄碱和伪麻黄碱，瞄上的是动物的交感神经。交感神经有一种叫去甲肾上腺素的化学信号分子，而接受这种分子的蛋白质——肾上腺素受体还可以被多种分子结构类似去甲肾上腺素的有机物（比如肾上腺素）激活，从而引起交感神经的兴奋。此外，在心脏、肌肉等器官上也有类似的肾上腺素受体，虽然不太容易被去甲肾上腺素本身激活，却仍然可以被肾上腺素等去甲肾上腺素的类似物激活。动物在遭遇危险时，身体会分泌大量肾上腺素，以便同时激活交感神经、心脏、肌肉等处的肾上腺素受体，这样就让自己处于可以应对危险的兴奋状态。

麻黄碱和伪麻黄碱正是去甲肾上腺素的类似物。它们的生化合成过程很简单，也是来自以苯丙氨酸为原料的流水线（前面已经介绍过，苯丙氨酸可用于木质素、筒箭毒碱等苄基异喹啉类生物碱的合成）。这两种生物碱不仅可以直接刺激肾上腺素受体，还可以通过间接的方式持续刺激肾上腺素受体，让动物始终处于兴奋状态，算是比较温和的毒药。医生们照例看中了这种能刺激神经系统的功能，把它们当成了有用的药物。很多感冒药之所以含有伪麻黄碱，就是因为感冒往往让鼻黏膜血管扩张，导致鼻子塞住，让人感觉很不舒服，而伪麻黄碱可以刺激交感神经并使鼻黏膜血管收缩，于是就纾解了鼻塞的症状。

在中国，麻黄很早就被开发为一味"发汗、平喘"的草药，可以说功效确凿。19世纪末，日本药物学的先驱长井长义从麻黄中提取出了麻黄碱，确认它是麻黄中的有效成分之一，这在日本药学研究史上是一个重要发现。但是，长井长义并没有深入研究麻黄碱的药理，只是简单地发现它有扩大瞳孔的作用。我国药物学的先驱陈克恢晚了一步，在1923年独立地提取出麻黄碱之后，才意识到这个发现已经被人捷足先登了，非常遗憾。不过，科学总是不断进步的。陈克恢和他的同事后来从根本上阐明了麻黄碱发挥作用的机制，从而引燃了药学界的兴趣。化

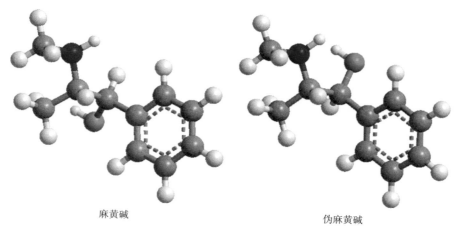

麻黄碱   伪麻黄碱

图 9.6 麻黄碱和伪麻黄碱的分子结构模型

与一般生物碱不同，麻黄碱和伪麻黄碱分子中的氮原子（用蓝色圆球表示）不参与杂环的构成，而是位于苯环的侧链上。这两种生物碱的区别仅在于与苯环直接相连的侧链第一个碳原子的手性不同。图中红色圆球表示氧原子。

学家们随后合成各种各样的去甲肾上腺素的类似物并加以试验，从中果然发现了几种相当不错的药物。

不幸的是，在这些去甲肾上腺素的类似物中，还有许多种类的治病效果不怎么好，却可以让人产生幻觉，并容易形成很大的药瘾。这些物质随之成了严重危害社会的毒品，"冰毒""摇头丸"什么的，都属此类。因为"冰毒"可以利用伪麻黄碱来制造，所以就有不法分子收购某些感冒药，提取出伪麻黄碱并加工成毒品，牟取不义之财。在以前，含伪麻黄碱的药物大多是非处方药，上药店说买就能直接买到，但现在很多此类药物已经被迫转为处方药，只有凭医生开的处方才能购买。本来好好的药物，竟这样"堕落"为毒品原料，真是令人感慨！

与伪麻黄碱近些年大走"霉运"不同，吗啡这种公众印象中的大毒品现在却颇受医学界"同情"。

吗啡是罂粟（*Papaver somniferum*）合成的众多生物碱之一。罂粟的花很漂亮，如果不是因为植株能提取毒品的话，本来会成为一种很有推广潜力的观赏花卉。罂粟花凋谢之后，就结出圆球形的果实来；果实成熟之时，会在顶部裂开许多小口，让种子散出。因为这种植物的果实

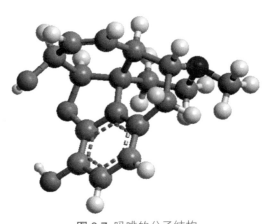

图 9.7 吗啡的分子结构

吗啡分子结构非常复杂，含有 5 个环，而且一环连一环，难以大规模人工合成，至今仍主要从罂粟中提取。

很像"罂"这种口小肚大的瓶子，里面的种子又多又小，像是"粟"（小米），所以我国古人给它起名"罂粟"。罂粟种子基本无毒，里面富含油脂，还有一种特殊的风味，可用来榨油，或是在烘焙之后作为调味品。

然而，在罂粟的果实还没有成熟的时候，划破它的果皮会流出白色的乳汁。这种乳汁干燥之后成为黑色的凝胶状物，这就是阿片（opium），它的另一个更为人熟知的音译是"鸦片"。阿片中含有 30 多种有毒生物碱，它们合起来可以占到阿片质量的 10%～25%，其中效力最强的就是吗啡。对人类来说，吗啡最可怕的不是它直接的毒性，而是极强的成瘾作用。吗啡本身就是迄今发现的最强成瘾物质之一，而比它成瘾性更强的人造化学品海洛因也不过就是分子略微做了改造的吗啡。

吗啡与筒箭毒碱和马兜铃酸一样，也是苄基异喹啉类生物碱中的一员，但是它的分子结构更复杂。说起来，吗啡的天然合成犹如一场竞赛，参赛者是约 100 种罂粟属植物，比赛规则就是在给定酪氨酸（合成苄基异喹啉类生物碱的原料之一）的前提下，看谁能制造出对动物最凶狠的毒药。尽管罂粟属所有的种都想方设法布置流水线，想要生产出独特的化学大杀器，但最终只有罂粟和大红罂粟（*Papaver bracteatum*）掌握了制造分子中含有 5 个环的吗啡烷类生物碱的复杂技术。接着，在与罂粟的角逐中，大红罂粟最终败下阵来：它只能合成蒂巴因（thebaine）这一种吗啡烷类生物碱，而罂粟除了会合成蒂巴因，还会合成吗啡和可待因，其中吗啡表现出了强烈的成瘾性。就这样，罂粟最终赢得竞赛，摘得"毒草之后"的桂冠。

对于罂粟及其初步制品"鸦片"，中国人可能比世界上其他地方的人更痛恨。180 年前，英国曾向中国大量输出鸦片，在遭到林则徐等中国官员的坚决抵制之后，竟不惜在 1840 年发动鸦片战争，用坚船利炮扣开了中国国门。即使在今天，吗啡、海洛因等毒品仍然严重危害着中国社会，很多缉毒警在与毒贩的斗争中牺牲，为社会安定献出了宝贵的生命。

然而，事情总有两面。吗啡的臭名声也阻碍了它在医学上的正当、合理的应用。我们必须认识到，吗啡虽然有很强的成瘾作用，但也有好的镇痛和催眠作用，而且只要严格控制用量和给药方式，就不会让人成瘾。虽然一般人无须为了镇痛和催眠去尝试吗啡，但是对一些承受着剧痛的人来说，吗啡是拯救他们的最好药物。比如产妇在分娩时会经历男性一辈子可能都感受不到的剧痛，因此在国外，使用吗啡进行无痛分娩现在十分流行。同时，已经无法阻止病情发展的晚期癌症患者也需要吗啡。他们遭受的剧烈疼痛也是健康人很难想象的，在很多时候非吗啡不能缓解痛苦。如果因为担心成瘾或其他原因而阻止这些患者使用吗啡，那么最终他们会在极度痛苦中离世。因此，一些医生和医学伦理学者认为，让人无法有尊严地告别世界是一种不人道的行为。他们呼吁全社会能够更客观地看待吗啡的治疗价值。

与其说这是吗啡的自我"救赎"的故事，不如说它更像是人类的自我拯救。

9.3 救人于肿瘤的植物——从长春花到喜树

在癌症晚期用吗啡之类的药物镇痛的所谓"姑息疗法"（palliative treatment），只是医学最后的无奈之举。在还有治疗可能的时候，医学界不会轻易放弃任何控制癌症病情发展的希望。癌症治疗的一种方法是化学疗法，就是使用能杀灭或抑制肿瘤细胞的化学药物。虽然有的植物成分可以诱发癌症，但也有植物为化学疗法做出了贡献。

东非的马达加斯加岛是非洲最大的岛屿，因为它长期与大陆隔离，岛上的动植物经过独立演化，形成了很多特有种类。当西方人开辟出新航线到达这里之后，把其中不少特产的奇花异草带走并进行栽培，包括如今常作为室内植物的散尾葵（*Dypsis lutescens*）、多肉植物爱好者喜欢的刺戟木（*Didierea madagascariensis*），以及因为健壮、易养而广泛栽培的长春花（*Catharanthus roseus*）。在包括中国南方在内的很多地区，长春花甚至成了一种不靠人照顾自己就能生长和繁殖的入侵植物。

长春花是夹竹桃科植物。在被子植物里，有好几个家族以盛产"毒师"著称，夹竹桃科就是其一。在第8章第3节提到的夹竹桃和羊角拗属植物都属于夹竹桃科。如今，科学家已经从长春花中分离出了130多种生物碱，它们的毒性虽然不像夹竹桃和羊角拗的有效成分那么烈，但用来对付来侵犯的食草动物差不多也够了。

20世纪50年代，加拿大医学家诺布尔（R. L. Noble）对长春花进行了研究。诺布尔出生于医生家庭，他的哥哥和他先后在麦克劳德（J.

图 9.8 长春花（寿海洋摄）

J. R. Macleod）的实验室中学习和工作过。诺布尔本来对癌症感兴趣，但是麦克劳德一直研究糖尿病（因为在胰岛素的发现过程中做出了杰出贡献，麦克劳德获得了 1923 年诺贝尔生理学或医学奖）。在导师的要求下，诺布尔只能从事糖尿病的研究。诺布尔之所以选中了长春花，只不过是因为当时它的叶子被北美洲的牙买加人用来泡茶，并作为治疗糖尿病的草药罢了。

然而，实验表明，给作为实验动物的大鼠服用长春花制剂根本没有降血糖的效果。不仅如此，诺布尔通过研究文献发现，早在 20 世纪 20 年代就已经有澳大利亚学者研究过口服长春花治疗糖尿病的效果，最后得出的结论也是"无效"。诺布尔不死心，转而给大鼠直接注射长春花制剂，结果意外发生了——大鼠竟然都死了！尸检表明，这些大鼠死于细菌感染，而且血液中的白细胞数目明显降低。因为白细胞是对付细菌的"健康卫士"，白细胞少了，没法把细菌都消灭掉，结果就造成了致命的感染。

这个发现启发了诺布尔：也许长春花中的有效成分可以用来治疗白血病！白血病是造血系统的癌症，典型症状是癌变的造血母细胞疯狂复制、分化，造成某种白细胞数目异常增多。如果用长春花制剂抑制住这些癌变的母细胞的复制，让癌变的白细胞数目降低，那不就能缓解病情了吗？ 1958 年，诺布尔的合作者、化学家比尔（C. T. Beer）分离出了长春花中抑制白细胞生成的第一种有效成分——长春花碱，后来又分离出了另一种有效成分——长春新碱。它们与番木鳖碱一样，也属于吲哚类生物碱，用色氨酸为原料合成。临床研究表明，这两种生物碱对某些白血病的治疗确实有显著效果。如今，长春花碱和长春新碱都成了WHO 确定的基本药物。不过，因为它们分子结构复杂，难以大规模人工合成，主要还是从长春花中提取。

进一步的药理学研究表明：造血母细胞在分裂的过程中要形成一种叫"纺锤体"的结构，而纺锤体是由微管作为零件拼搭而成的。长春花碱和长春新碱可以破坏微管的组装，从而干扰纺锤体的形成，结果就抑

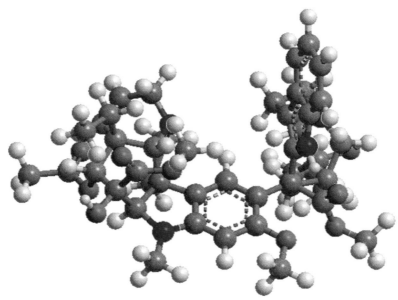

图 9.9 长春花碱的分子结构模型

长春花碱的分子中含有一个吲哚环。（关于吲哚环的结构，参见图 8.6。）

制了细胞的分裂和扩增。因为正常的人体细胞也在不断进行分裂，并用新分化的细胞去替换那些凋亡的旧细胞，所以长春花碱和长春新碱对正常细胞也有一定毒性。然而，肿瘤细胞的分裂要比正常细胞快得多，更容易受到毒害。与抑制肿瘤细胞分裂的明显功效相比，这两种药物的副作用便在可以容忍的范围之内了。

　　长春花抗癌成分的发现在化学药研发史上是一个里程碑，它们代表了一大类新型抗癌药物——通过阻止纺锤体的形成来抑制肿瘤细胞分裂的化学物质。可是，植物并不会为了治疗人类的肿瘤去特地合成各种药物，更不用说在现代医学发展起来之前，大部分人根本活不到患肿瘤的年纪，所以想要在植物的产物中找到抗肿瘤药就像是大海捞针。然而，为了人类健康，也为了提高收益，很多研究机构和制药公司还是全力以赴做着这种工作，满怀希望地把大量植物拿到实验室中分析。其中，大部分植物当然没有可临床应用的抗肿瘤效果，只有少数种类通过了各种药效检验，而发现这些植物抗癌效果的人就成了诺布尔和比尔那样的可在"青史"上留名的幸运儿。

比如说鬼臼毒素。它可以从北美洲的植物北美桃儿七（*Podophyllum peltatum*）及其近缘种中分离得到，是一种木质素的类似物。与长春花碱和长春新碱一样，鬼臼毒素也可抑制纺锤体形成。早在 19 世纪，它就已经被人用来治疗皮肤上增生的良性肿瘤，而现在还是治疗一些病毒性疱疹的重要药物。不过，鬼臼毒素毒性很大，不适合内服，只能外用，这让它无法成为一种治疗肿瘤的化学药物。

幸运的是，药学家非常擅长改造有机物分子。就像他们曾经合成了大量去甲肾上腺素的类似物并从中挑出一些有用的新药一样，药学家不会放过鬼臼毒素这样一种有潜力的药物。瑞士药学家施泰赫林（H.

图 9.10 北美桃儿七（公版图片）

F. Stähelin）等人经过十几年努力，终于在 1964 年找到了它的一种类似物——依托泊苷（etoposide）。依托泊苷不仅毒性较小，而且对多种癌症有治疗效果。更神奇的是，这种物质抗癌的机理与鬼臼毒素并不相同，因为它对微管和纺锤体没兴趣，反倒对肿瘤细胞里的 DNA 比较"热衷"，可以破坏 DNA 的复制，导致 DNA 分子断裂，肿瘤细胞因此死亡。把一种毒素改造成毒性较小但仍有疗效的药物本来就很不容易，现在居然在改变作用机制后还能保证疗效，那就更不容易了。这样看来，施泰赫林真是交了难得的好运。

1971 年，又一场"好运"光顾了美国药学家沃尔（M. E. Wall）和瓦尼（M. C. Wani）。在美国政府的"天然药物筛选"项目资助下，他们从北美洲西部的短叶红豆杉（*Taxus brevifolia*）树皮中发现了紫杉醇。紫杉醇是一种复杂的萜类化合物，也能抑制纺锤体的形成（具体机制与以前发现的那些药物略有区别），最适合治疗乳腺癌、卵巢癌等癌症。由于紫杉醇分子太复杂，曾经在很长一段时间里，它只能从各种红豆杉的树皮中提取，结果连中国的几种红豆杉都遭了殃，被大量砍伐，变成濒危物种。幸好，如今制药公司已经可以让红豆杉细胞在人工条件下大量扩增来合成紫杉醇，算是拯救了这些祸从天降的树种。

其实，早在 1966 年，沃尔和瓦尼发现中国特有的喜树（*Camptotheca acuminata*）含有的喜树碱有一定抗癌活性，只是毒性太大。当然，就和鬼臼毒素的例子一样，药学家很重视喜树碱这种天然药物，想把它改造成毒性较低但抗癌性更好的药物。只

图 9.11 喜树（刘夙摄）

不过，这是一段更漫长而艰苦的研发之路。直到 1996 年，第一种喜树碱类抗癌药物伊立替康（irinotecan）才终于获批上市。

9.4　植物恩赐的抗疟药——奎宁和青蒿素

与抗肿瘤药物一样，抗疟疾的新型天然药物青蒿素的发现同样是艰辛与幸运并存。这一回，好运轮到了我国的药学家。

人类从在地球上出现的那天起，就继承了动物的一项痛苦的生存方式——与寄生虫做斗争。广义的寄生虫是一些体形简单甚至只有一个细胞的真核生物，它们与细菌和病毒一样，给人类带来了大量可怕的传染病，例如疟疾。

疟疾是由多种单细胞生物疟原虫引起的烈性传染病。它在全球的热带和亚热带地区广泛肆虐，造成许多患者死亡，其中也包括我国南方。患疟疾的人往往一会儿高烧，一会儿全身打寒战，两种症状反复交替进行，所以有些地方把患疟疾叫"打摆子"。疟疾的传播者是疟蚊。疟原虫躲在疟蚊的唾液腺里，在疟蚊吸取人血时，就悄悄溜进人体内，然后在人的血液中兴风作浪。然而，古人并不清楚疟疾的病原体，也不知道它的传播方式。无论东方还是西方，都曾经以为疟疾是呼吸了坏空气引发的疾病。在中国古代，南方森林中腾起的雾气被称为"瘴气"，人们以为它是包括疟疾在内的很多疾病的根源；在意大利文中，疟疾的单词"malaria"干脆就由"mala"（坏）和"aria"（空气）拼成，它后来原封不动地转变为英文。

还好，人类在知道疟疾的发病机理之前就幸运地找到了治疗它的药物。

南美洲的秘鲁等地有一些树种的树皮非常苦，但很早就被原住民当作治疗发烧、腹泻的之类症状的草药，金鸡纳属（*Chichona*）的树种就是其中的代表。从 17 世纪后期开始，有一个大众喜闻乐见的故事在欧洲流传：西班牙有一位美丽的伯爵夫人叫安娜，因为丈夫被委任为秘鲁总督，便随他到利马（现在是秘鲁共和国的首都）生活了几年。在那里，她不幸染上了疟疾，眼看就要死了，却被金鸡纳树皮救回一命。安娜心怀感激，就买了大量金鸡纳树皮，制成药粉发给利马的患病市民。当她回国的时候，也携带了很多金鸡纳树皮，把家乡人民也从疟疾之苦中拯救出来。

可惜的是，这只是个美好的传说，虽然连大名鼎鼎的植物学家林奈都深信不疑，却被证明是假的。真实的历史可能显得有些"乏味"：在16世纪后期，到达秘鲁的传教士们从原住民那里知道了这些金鸡纳树的存在。到了17世纪20年代，传教士们进一步得知金鸡纳树皮可以治疗疟疾。随后，金鸡纳树皮就开始出口到欧洲，而罗马的天主教廷"近水楼台先得月"，其成员成了欧洲本地第一批受益的人。后来，又有传教士把这种神奇的树皮带到中国，用它将康熙皇帝从死亡线上拉了回来，治好了他的疟疾。康熙后来成为中国历史上在位时间最长的皇帝，金鸡纳树皮为此贡献了一份力量。

1817年，法国的化学家从金鸡纳树皮中分离出治疗疟疾的有效成分，并把它命名为"奎宁"（quinine），但直到90年后的1907年，化学家才分析出奎宁的正确分子结构。因为奎宁的分子中有一个标志性的喹啉环（"喹啉"是quinoline的音译，而这个单词正是从quinine派生而来），人们就把它归类为喹啉类生物碱，就像把筒箭毒碱和吗啡归类为苄基异喹啉类生物碱、把番木鳖碱和长春花碱归类为吲哚类生物碱一样。尽管类别不同，但奎宁和吲哚类生物碱一样，在金鸡纳树体内也是以色氨酸为原料合成的。

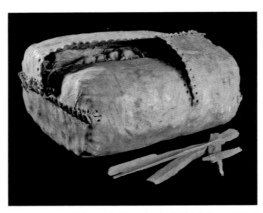

图 9.12　18 世纪秘鲁的一包金鸡纳树皮（图片引自 Wellcome Images 公司网站，CC BY 4.0）

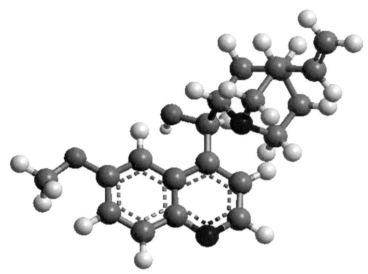

图 9.13 奎宁的分子结构模型

分子结构下部虚线所在的环系就是喹啉环。

在得到分离和命名之后的一百多年时间里，奎宁是唯一能治疗疟疾的药物。因为分子结构较为复杂，在此期间，奎宁一直只能从金鸡纳树或类似树种的树皮中提取。第二次世界大战期间，日本夺取了印度尼西亚，占领了世界上最大的金鸡纳种植园，导致同盟国军队的奎宁储备出现了严重短缺。危机往往可以催生技术的发明。美国政府一面派植物学家到南美洲去收集金鸡纳树皮，一面敦促化学家尽快找到奎宁的人工合成方法，或是类似奎宁的抗疟药物。化学家不负众望，进展很快。1944年，有机合成大师伍德沃德率先完成了奎宁的人工合成。与此同时，与奎宁分子结构类似的氯喹也被药学家发现，在第二次世界大战结束后很快就投入到抗疟一线。随后，一系列含有喹啉环的抗疟药物，包括氨酚喹、甲氟喹和伯胺喹，也陆续付诸应用。

包括奎宁在内的喹啉类生物碱抗疟疾的作用机制到现在还没有完全弄清。药学家一般认为，它们最有可能是破坏了疟原虫"排毒"的机制。疟原虫在进入人体血液之后就以红细胞为食，红细胞中丰富的血红蛋白成为它们的主要营养物质。但是，血红蛋白中含有的血红素分子对疟原虫的细胞有毒性，于是疟原虫就发展出一套机制，可以把血红素分子紧密堆到一起，从而形成一种对自己无害的深色颗粒——疟色素。奎宁、氯喹等药物很可能破坏了疟色素的形成，让血红素分子能自由地毒害虫体细胞，最后疟原虫就死了。

然而，随着喹啉类抗疟药的广泛应用，它们也加快了疟原虫的演化速度——那些抵抗力弱的疟原虫在生存竞争中被淘汰，而能够抵抗这些药物攻击的疟原虫活了下来。如今，在全世界疟疾的主要流行地区（东南亚、非洲和南美洲），疟原虫已经普遍对氯喹产生了耐药性。虽然氯喹还是一种基本的抗疟药物，但应用已经很有限了。尽管医学界后来采用了多种药物联合施用的复方疗法，也只能减缓耐药疟原虫的扩散，却无法从根本上解决这个棘手的问题。

就在这个时候，我国的药学家发现了青蒿素。

我国也是疟疾肆虐的地区之一，因而在我国古代的本草典籍中有很多治疟的草药和药方。其实早在抗日战争时期，我国的药学家就通过发掘典籍，找到了有明显抗疟效果的药用植物常山（*Dichroa febrifuga*），提取出了其中的有效成分常山碱。然而，药学家始终无法解决口服常山碱会刺激患者呕吐不止的副作用，最后这种药物只能放弃。

20世纪60年代，由于氯喹的耐药性问题已经相当严重，在政府的支持下，我国药学界开始执行防治疟疾药物研发的"523项目"。就像美国政府的"天然药物筛选"项目一样，参与"523项目"的科学家也要试

图9.14 黄花蒿（寿海洋摄）

验大量草药的抗疟性，设法找出有效的种类，再提取出其中的有效成分。当然，因为有中医的典籍作为参考，一些植物受到的关注更多一些，其中就包括黄花蒿（*Artemisia annua*，古名"青蒿"）。

其实，黄花蒿差一点也在"海选"中被淘汰，因为常规操作要求在较高的温度下用水或乙醇把草药的有效成分提取出来，而按这种方法获得的黄花蒿提取物的抗疟效果并不好。然而，在 1971 年下半年，药学家屠呦呦从东晋葛洪《肘后备急方》中"青蒿一握，以水一升渍，绞取汁，尽服之"的记载中获得启示，怀疑黄花蒿中的有效成分可能不耐高温，需要"生榨"。这年秋天，她带领的研究组用沸点很低的溶剂乙醚浸提黄花蒿，果然获得了对老鼠疟原虫有 100% 抑制率的提取物。第二年，药学界又进一步确定其中的有效成分是青蒿素。

青蒿素虽然也是萜类化合物，但它的分子中有两个氧原子直接相连，形成叫"过氧桥"的基团，这是一般的萜类化合物所不具备的。近年来的研究表明，青蒿素抗疟的秘诀就在于"过氧桥"结构。在血红素中铁离子的作用之下，这个"过氧桥"可以打开，让青蒿素分子成为一个特大号的自由基。与其他自由基一样，这个青蒿素自由基有很强的反应活性，在疟原虫细胞里乱窜，逮到能反应的蛋白质就扑上去强行结合，使这些分子失灵。疟原虫的生理活动因而遭到很大破坏，最后也死了。

在青蒿素被发现之后，我国药学界很快又开发出抗疟性更好、更稳定的青蒿素类似物——二氢青蒿素、蒿甲醚和青蒿琥酯。它们在 20 世纪 90 年代走向国际，成为治疗疟疾的新一代基本药物。这是我国药学界对世界医药做出的卓越

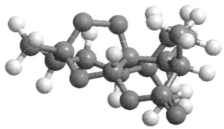

图 9.15 青蒿素的分子结构模型

青蒿素的分子结构较为复杂，其独特之处是两个氧原子直接相连（用图中左上部的红色圆球表示）。在本书中涉及的所有分子结构模型中，只有青蒿素具备这个特殊结构。

贡献，屠呦呦也因此荣获 2015 年的诺贝尔生理学或医学奖。

说实话，无论是金鸡纳树还是黄花蒿，能够提供治疗疟疾的药物恐怕都只能算是机缘巧合。疟原虫只能感染动物，而不受它们危害的植物根本没必要也不会主动去合成抗疟药。更有研究者认为，处于新大陆的南美洲本来没有疟疾，是哥伦布开辟新航线之后才从旧大陆传过去的。这样的话，金鸡纳树在此前的历史上压根就没有与疟原虫打过照面。尽管奎宁和青蒿素肯定是植物用来防御的化学武器，但这些原本用于对付植物病虫害的物质居然可以对动物病原体产生这么大的杀灭效力，大概就真的只能归功于好运了。

不过，人类对疟疾的斗争远未结束。如今，在东南亚地区出现了可以抵抗青蒿素类药物的疟原虫，有的甚至号称"超级疟原虫"，可以抵抗包括奎宁在内的一切抗疟药。如果这样的疟原虫泛滥开来，将使人类再度回到对疟疾无药可医的境地。当然，新药的研发也一直在紧张进行之中。我们衷心希望，我国的药学家能够延续辉煌，再度为人类健康做出不朽的贡献。

9.5 泻药今昔——为何草药逐渐被现代药物取代

尽管植物为人类贡献了许多药物，并启发人类合成出更多的类似物，但我们不得不承认，全体人类大量使用植物治疗疾病的时代已经一去不复返了。那些确有效果的草药，现在大多被人工合成的药物所取代，其中泻药的演变就是一个典型例子。

能够致泻的草药有很多，其中番泻（*Senna alexandrina*）应用最广泛。"番泻"这个名字可谓"简洁明快"："番"是说它产自外族或外国——它原产于北非和西亚等地；"泻"自然是说它有致泻效果。番泻的果实和叶子都可入药，其有效成分是几种番泻苷。番泻苷分子中有一个叫"蒽醌"的结构，正是这个结构的刺激，导致大肠加快速度蠕动，同时肠壁细胞分泌更多液体，两方面的效果叠加起来，就让动物"一泻

图 9.16 番泻（公版图片）

千里"了。虽然正常人服用番泻会腹泻，但对于便秘的人来说，这种药
正好能帮他们解决排不出大便的痛苦。

　　番泻还含有大黄素，这也是一种蒽醌类物质（含有蒽醌结构的物质
的统称）。除了番泻，大黄属（*Rheum*）植物、芦荟（*Aloe vera*）和药
鼠李（*Rhamnus cathartica*）也含有大黄素或其类似物，因此它们也都
曾经是久经利用的致泻草药。这些植物之间基本没有亲缘关系，各自独
立"发明"了合成蒽醌类物质的流水线。这些流水线的起始原料都是乙

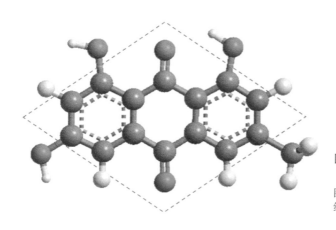

图 9.17 大黄素的分子
结构模型
图中菱形虚线框内为蒽醌
结构。

酰辅酶 A（它也是柠檬酸循环中的原料），通过一系列的碳链延长和闭合成环的操作，就制造出了这类针对动物肠道的毒素。

如今，尽管番泻苷仍然在 WHO 的基本药物名单上，但任何一个严肃认真的医生都不再愿意给便秘的患者首先开这种药了。原因很简单——它确实有效果，但后患也很大。说白了，服用蒽醌类泻药等于强行为大肠提供了额外的排便动力，久而久之，大肠自己就"懒"了，对粪便的刺激越来越不敏感，只想着"反正会有泻药来帮忙"，结果反而使便秘越来越顽固。从某种意义上说，这也是一种成瘾。此外，长期服用蒽醌类泻药还会导致色素在肠壁上沉积，出现结肠黑变现象。幸好结肠黑变病虽然曾被怀疑会进一步发生病变，但现在看来只是一种良性变化，不会有严重后果。

那么，现在的医生会怎样治疗便秘呢？首先，他会建议患者多吃富含膳食纤维的食物（比如香蕉），同时多喝水。膳食纤维可以刺激肠道蠕动，而且不会让肠道产生依赖性；它还可以与水结合，让粪便变得更松软，就更容易穿过肠道排出。可以说，这是治疗便秘最健康、最日常的方法了。如果日常饮食中的膳食纤维还不够，那就吃一些专门的纤维补充剂，比如车前子壳制剂或甲基纤维素制剂。

其次，如果补充膳食纤维效果不佳，必须服用专门的药物的话，最先考虑的应该是一些比较安全的泻药，比如聚乙二醇或镁乳（氢氧化镁混悬剂），以及多库酯钠之类的新型泻药。然而，这些泻药不可避免有副作用：长期且大量使用聚乙二醇会引发肠道的水和电解质紊乱，导致比较严重的腹泻，而且腹泻过后便秘依然故我；多库酯钠虽然可以软化大便，让它易于排出，却有一定的肝毒性。有些医生可能还会开西沙必利，这是一种消化道动力药，可以加快胃肠蠕动。但是，西沙必利对于便秘并没有特别效果，在一些人群中的副作用却不容忽视，可能引发心律失常甚至死亡，所以在西方国家，这种药已经不再当作治疗便秘的药物了。

再次，对于已经进入直肠的粪便，还可以从肛门注入泻药，直接刺激直肠。大名鼎鼎的"开塞露"就是采取这种给药法的泻药，经常用于儿童便秘。当然，它不仅应用起来有些不便，而且长期使用会越来越没有效果。

最后，只有到万不得已的时候，医生才会考虑用蒽醌类泻药，而且绝对不会长时间使用。然而，一些保健品商人宣称"排便就是排毒"，而排不出"宿便"会让所谓的"毒素"重新被吸收，引发身体诸多毛病；如果服用他们开发的"纯天然"保健品（实际上是含蒽醌类物质的草药），就能排出"毒素"，让人变得舒爽。另有一些打着"减肥"名义的保健品，也添加了蒽醌类物质，试图通过让人拉肚子来减少营养物质的吸收。不管这些保健品怎样被包装成灵丹妙药，并被吹嘘得天花乱坠，在现代医学看来，它们不仅起不到宣称的那些效果，反而会毒害消费者身体，这无疑很有讽刺意味。

就这样，随着医学的发展，现在使用的泻药大多是人工合成的化学物质。传统上那么多致泻效果明显的植物制剂，如今只剩下番泻苷还有一定应用价值，其他含有蒽醌类物质的草药已经极少使用了，尤其是靠导致肠道细胞坏死来引发腹泻的剧毒植物巴豆（*Croton tiglium*）更是非淘汰不可。在便秘治疗领域，植物药只剩下了最后的一席之地。

类似的例子还可以举出很多。比如，黄连（*Coptis chinensis*）、黄檗（*Phellodendron amurense*）和多种小檗属（*Berberis*）植物含有

图 9.18 黄连（寿海洋摄）

小檗碱（又称黄连素），具有一定抑菌效果，在我国经常被用来治疗细菌性腹泻，而人工合成的小檗碱更是成为典型的"家居必备药"。然而，现代医学研究表明，小檗碱对细菌性腹泻的治疗帮助不大。其实，多数细菌性腹泻可以在 1～2 天内自愈，在此期间只要保证因腹泻流失的水和电解质能得到及时补充，饭也吃好，一般不需要额外吃什么药。即使非要吃药，洛哌丁胺等能够抑制肠道蠕动的药物也比小檗碱更有效果。

再比如"化痰"，这也是自古以来医疗的重要目标。传统上应用的祛痰草药包括桔梗（*Platycodon grandiflorus*）、远志（*Polygala tenuifolia*）、蛇根远志（*Polygala senega*）、毛蕊花（*Verbascum thapsus*）等植物种类，它们所含的皂苷可刺激胃黏膜，引起轻微的恶心，据说这样就可以促进呼吸道腺体分泌更多液体，让痰在稀释后更容易排出。尽管这个"药理"听上去挺合理，然而不幸的是，现代医学至今无法证实这些"恶心性祛痰药"的药效。如今，真正有效果的祛痰药（更合适的名称是"黏液促动剂"）都是人工合成的化学品，它们要么直接分解痰中的黏蛋白，让痰液变稀；要么刺激呼吸道细胞分泌润滑性物质，让痰液不易粘在呼吸道壁上，从而更容易咳出，于是植物药几乎被逐出了"化痰"领域。

从 1977 年开始，WHO 每两年修订一次基本药物标准清单，并于 2019 年发布了第 21 版，它包括 462 种（类）"医疗卫生系统中最有效、最安全并且满足最基本需求"的药物。根据这一版所做的统计表明，其中与植物有关的药物（包括从植物中直接提取的天然物质，以及分子结构和药效与植物天然物质类似的人工合成物质）仅有 64 种，占全部基本药物的 13.85%，也就是不到 1/7。如果除去那些只能靠人工合成或半人工合成的类似物，只算在植物中天然存在的物质的话，就只剩下 24 种了，仅占 WHO 全部基本药物的 5.19%。

大量的事例表明，科技进步导致植物制品在人类的日常生活中不断退隐，重要性逐渐降低。亿万年来，虽然植物为了自己的生存打造了各式各样的化学流水线，但其产品已越来越难以满足人类生产生活的需求了。这时，人们自然就会想到，是不是可以帮助植物改造流水线，让植物继续为人类造福呢？

人类改造的植物化学流水线，就是本书最后一章的主题了。

第 10 章

植物化工厂的未来

10.1 虫子不能吃的庄稼——抗虫农作物

想要了解人类如何改造植物化工厂，不妨先从抗虫农作物说起。

自从人类开始栽培农作物，就不得不面对病虫害这个严重问题。一来，农田是非常简单的人工生态系统，与物种丰富的天然生态系统相比，缺乏能制约病虫害的一些环境因素（比如害虫的天敌）。二来，在长期驯化的过程中，农作物的遗传多样性不可避免会越来越低，野生植株中很多抗病、抗虫特征往往会丢失。

传统上，农学家会采用杂交育种的方式把农作物的优良性状（比如高产）和野生亲缘种的优良性状集中到一起，获得兼具双方之长的优良品种。从分子层面来说，这些优良性状在根本上由遗传信息决定。在作为遗传信息载体的 DNA 分子上，有一段段称为"基因"的编码，一般一个基因编码一个蛋白质（或一个复杂蛋白质的一部分）。用类似本书前面的比喻来说，基因就是 DNA 老板身上的"天书"中的一段有特定意义的文字，通常可以用它来召唤（专业名称为"表达"）一个特定的蛋白质工人。如果某座植物化工厂的某个工人的工作特别出色，而且能够与其他工人合作得很好，最终这个生物个体就会表现出某种优良性状。因此，杂交的本质就是把优良的基因集中到一起。

然而，受自然规律所限，传统的杂交育种是一个随机性很大、漫长的过程，难以精准地"快速定制"，要获得理想的杂交后代很难。要理解这一点，我们不妨看下面这个非常经典的笑话。据说法国作家、1921年诺贝尔文学奖获得者法朗士（A. France）有一次遇到美国著名女舞蹈家邓肯（I. Duncan），两人聊起了当时在西方非常流行的优生学。邓肯说道："如果我们结合，也许生下来的孩子会有我的美貌和你的脑子。"法朗士回应道："但也可能会有我的美貌和你的脑子。"

当然，这个笑话的主人公并不固定，也有人说对话发生在英国作家萧伯纳和邓肯之间（但被萧伯纳本人断然否认），或是大物理学家爱因斯坦和年轻的女合唱手之间。但是，它在某种意义上的确反映了一个事实——靠天然随机的有性生殖过程，是无法精准地"定制"能力优异的后代的。农学家只能烦琐地进行一代又一代的杂交工作，往往要花费大量时间和心血，才有可能获得集齐全部目标性状的最优杂交品种。

不仅如此，人工杂交育种通常只能让新品种获得现成的性状。一个性状只要亲本没有，无论怎么杂交，后代也不会有。此外，杂交只能在亲缘关系较近的亲本之间开展，而那些亲缘关系太远的植物不可能杂交，也就无法培育集双方优良性状于一身的后代。换句话说，要想让两座植物化工厂中的蛋白质工人走到一起、共同出力，首要条件是这两座化工厂的 DNA 老板认同对方是同类，然后传统杂交育种技术才能让它们彼此产生"情愫"，生育后代，这些后代也才有可能同时继承双亲召唤工人的能力。假如两位 DNA 老板压根不认为对方是同类，坚决不肯结合，那化工厂中的工人也不可能有协同工作的机会。难怪我们至今都未能见到在地上结黄瓜、在地下长萝卜的"萝瓜"，或是尝过有杧果味的苹果。

诞生于 20 世纪 80 年代的基因修饰技术（转基因技术）初步解决了传统杂交育种的上述问题。基因修饰技术有很多种，其中一些技术的基本原理是：把一种生物的某个能表达出人们所需要的目标特征的基因直接转到第二种生物的基因组中，让第二种生物可以直接表现出目标特

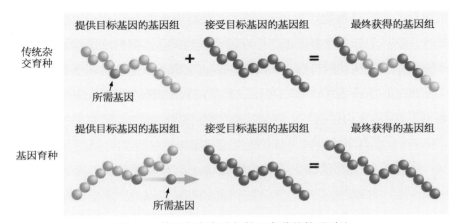

图 10.1 传统杂交育种与基因育种的简明对比

传统杂交育种在获得所需基因的同时，不得不接受许多不需要的其他基因，而基因育种可精确地只转入所需基因。（据美国 FDA 公版图片改绘）

征来。基因修饰技术的优势是不需求助有性生殖过程，直截了当地把"外来工人"请到农作物体内（也就是把编码写进 DNA 老板的"天书"中），节省了反复杂交和育种的时间；还能打破物种之间的壁垒，让优秀的"工人"到以前去不了的其他植物化工厂工作，从而实现农学家以前以为无法实现的梦想。

在农作物害虫中，鳞翅目昆虫（通俗点说就是蛾子和蝴蝶之类）的幼虫占相当大的比例。在 20 世纪初，日本和德国的学者先后发现了一种可以让鳞翅目昆虫的幼虫（比如蚕）患病和死亡的细菌，其中德国学者用这种细菌在德国的发现地图林根州（Thüringen）把它命名为 *Bacillus thuringeniensis*（*Bacillus* 是芽孢杆菌属），简称 Bt。Bt 的中文名是"苏云金杆菌"，其中"苏云金"是"图林根"错误的音译（虽然是错译，但生物名称一旦定下就不再轻易改变，只能继续沿用）。

苏云金杆菌在形成一种叫"芽孢"的休眠细胞体时，会分泌一种毒蛋白——Bt 内毒素。Bt 内毒素本身没有毒性，但它在昆虫肠道内会被激活，释放出有活性的部分，也就是真正的毒素。这种真正的毒素可以与昆虫肠道细胞上专门的受体结合，从而破坏这些细胞，导致肠道穿孔，于是昆虫就再也无法进食，最后饥饿而死。

听上去，这是相当残忍的机制，还难免让人担心这种毒蛋白是否对人畜也有害。幸运的是，人和其他陆生脊椎动物由于消化道中没有能与 Bt 内毒素活性部分结合的受体，所以不会受到毒害。不仅如此，Bt 内毒素必须在昆虫肠道那样的碱性环境中才能激活，而人和其他陆生脊椎动物的肠道上方却有个充满酸液的胃——在这种酸性环境中，Bt 内毒素就和一般的蛋白质（但有例外，下文会提及）一样被胃蛋白酶所分解，在某种程度上说反而变成了营养物质。可以说，Bt 内毒素是一种非常理想的杀虫剂——它是"纯天然"产品，不会对环境造成污染；它又能利用昆虫与人畜生理机制的不同，专杀昆虫而对人畜无害。

1938 年，法国率先把苏云金杆菌开发成生物农药。20 世纪 50 年代，美国一度大规模使用这种生物农药来防治鳞翅目害虫，而且取得了不错的效果。遗憾的是，它因为价格昂贵，后来还是被价格便宜的人工合成化学杀虫剂代替。多亏基因修饰技术，农学家成功地把苏云金杆菌编码 Bt 内毒素的基因直接转到农作物基因组中，并能表达出来。这样一来，本来非常容易受鳞翅目昆虫的幼虫危害的棉花、玉米等农作物，一下子就有了自卫的本事；种植这些抗虫农作物的农民，也可以省下不少买农药的钱和打农药的精力。农药用得少了，对环境的污染也就小了。

在第 8 章第 5 节中，我们提到过耐受除草剂草甘膦的基因修饰农作物。基因修饰技术不仅能让农作物耐受草甘膦，还能让它们耐受其他常

图 10.2 陆地棉（*Gossypium hirsutum*）

陆地棉原产于北美洲，是目前世界上种植最广的棉种，已经有了大量基因修饰品系。（寿海洋摄）

用除草剂，这样农民就可以放心地在农田中喷洒除草剂，不用再担心伤害到农作物了。没有了杂草的竞争，农作物的长势自然更好，这就间接提高了产量。

如今，全世界栽培最多、最广的基因修饰农作物主要是上述抗虫、抗除草剂和兼有两种性状的第一代基因修饰农作物。然而，虽然农民很欢迎这些新型农作物，但消费者却很难感受到它们的好处。即便我们大多听说过清代朱柏庐的"一粥一饭，当思来处不易；半丝半缕，恒念物力维艰"这句教人感恩的治家格言，但能在每次买菜、吃饭时都想起农民种田之艰辛的人，实在只是少数。

那么，有没有能让消费者眼前一亮的基因修饰农作物呢？

有，而且花样更多！

10.2 富人的苹果，穷人的大米——有利于消费者的基因修饰农作物

番茄是一种产量很大的蔬菜兼水果，但它在运输和储藏时会遇到一大问题：成熟的番茄表皮会软化，因而很容易破损。番茄表皮破损之后，不仅果肉很容易被挤出，弄得一片狼藉，而且微生物也很容易侵入，让勉强还保持完好的果实很快腐烂，由此造成很大损失。

番茄表皮之所以会软化，主要是它在成熟时会合成聚半乳糖醛酸酶，而这种酶可以分解细胞壁里的果胶。在第4章第2节中我们说过，细胞壁里的纤维素和果胶仿佛是钢筋混凝土里的钢筋和混凝土，它们共同让初生细胞壁坚挺起来。现在，混凝土被破坏掉了，剩下的钢筋也就失去了支撑，很容易移动、错位，细胞壁也就变得脆弱易破了。

想要让番茄皮在成熟后变得不容易破损，一个比较容易想到的办法就是干扰聚半乳糖醛酸酶的合成或工作。美国曾经有家叫"加州基因"（Calgene）的公司，就通过基因修饰方法破坏了这种酶的活性。

但是，他们并不是从别的生物那里请来专门的"破坏者"，而是把番茄自身的"DNA 天书"里编码这种酶的基因复制一份后又插回去，只不过这份复制的基因的编码是"反义"的——将原来正常基因里的碱基 A 都改成本该与它配对的 T，而原来的碱基 T 则反过来改成 A；碱基 C 改成本该与它配对的 G，而原来的碱基 G 则改成 C。第 5 章第 3 节介绍过，信使 RNA 分子专职抄录 DNA 中基因的碱基序列，并把它们送到核糖体，用于指导蛋白质的组装。然而，抄录了原来正常序列的信使 RNA 和抄录了新插入的"反义序列"的信使 RNA 一旦相遇，由于相关碱基对之间的"天然吸引"，彼此就会情不自禁牢牢抱在一起，扭成"麻花"。见此情景，番茄细胞中专门维持"风纪"、负责剿灭这种"有伤风化"的核酸分子的警戒队伍，便毫不迟疑地把这两个信使 RNA 撕成碎块。于是，聚半乳糖醛酸酶就没法合成了。这种基因修饰番茄早在 1992 年就获得美国的种植许可，1994 年获得食用许可，允许上市销售，成为全球首个商业化生产的基因修饰农作物品种。遗憾的是，因为公司经营不善，市场表现不佳，这个划时代的产品在 1997 年也不得不退出市场，连加州基因公司都因为连年亏损而被其他公司收购了。

当然，聚半乳糖醛酸酶只是在番茄果实发育的最后阶段才被召唤来工作的。前来传达"你可以工作了！"信号的信使是乙烯分子。在植物体内，乙烯通过一条专门的流水线，由基本氨基酸中的甲硫氨酸通过 3 道工序合成。中国和美国的农学家已经通过不同的方式破坏掉这条流水线，让乙烯分子合成不出来，聚半乳糖醛酸酶始终等不到召唤它出来工作的信号，于是番茄果实便无法自行变软，只能通过人工的乙烯处理才能成熟。以华中农业大学培育的"华番 1 号"为例，它的一个亲本转入了乙烯合成流水线上的重要工人 ACC 氧化酶（全称为 1-氨基环丙烷-1-羧酸氧化酶）的一份多余的编码基因，让这个酶无法合成，制造乙烯的流水线也就此中断。用这个基因修饰的番茄亲本与另一个常规品种杂交，就得到"华番 1 号"。

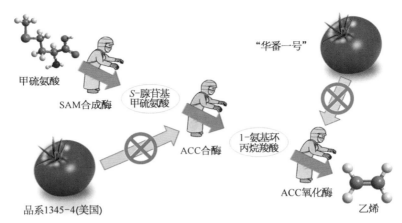

图 10.3 基因修饰番茄抑制乙烯合成简图

图中标出了两个基因修饰番茄品系抑制乙烯合成的原理，其中"品系 1345-4"主要抑制乙烯合成流水线上的另一个重要工人 ACC 合酶的合成。蓝色箭头是乙烯合成途径正常方向。SAM 合成酶为 S-腺苷甲硫氨酸合成酶的简称，ACC 合酶为 1-氨基环丙烷-1-羧酸合成酶的简称。

　　不过，基因修饰技术只是获得耐储藏番茄的诸多办法中的一种罢了。通过常规的杂交技术，同样可以培育出耐储藏的硬果型番茄。因此，尽管"华番 1 号"早在 1997 年就获得批准，是我国最早允许种植和上市销售的基因修饰农作物之一，但它却在与硬果型番茄的市场竞争中落败，没几年就退出了市场。

　　尽管农学家通过挖掘天然的基因宝库，用常规育种技术解决了番茄不耐储藏的难题，但对于苹果果肉切开后变色的麻烦，这类技术就没什么办法了。苹果果肉细胞的液泡中含有不少类黄酮和与其分子结构类似的物质（统称为多酚），此外在叶绿体等细胞结构中还含有一类多酚氧化酶。在果实完整的情况下，多酚与酶互不接触，相安无事；在果实被切开之后，细胞遭受破坏，多酚氧化酶遇到多酚，就利用空气中的氧气把多酚氧化并编织成非常复杂的大分子物质，这个过程有点像植物用木质素单体合成复杂的木质素大分子。最终生成的大分子不仅颜色很深，把苹果的果肉染成黄褐色，而且还会影响果肉的口感。对食品加工业来说，苹果的这种"褐变"现象是个非常头疼的问题，它会影响苹果制品的色泽和味道，让消费者瞧不上眼。如果是我们自己切开苹果，变色之后可能还会抱着"不要浪费"的心态努力把它们吃完，但如果超市里直接摆放的是已经变色的苹果制品，相信消费者是很难下决心把这些卖相难看的东西放进购物车的！

为了解决这个问题，加拿大一家果品公司用基因修饰技术，以反义形式往苹果 DNA 中插入 4 份编码多酚氧化酶的基因，从而破坏了这些酶的合成。这样一来，即使果肉细胞被切破、暴露在空气中，也不会很快变色了。如今，这种不变色的苹果已在美国和加拿大上市。

不过，说实在的，无论是番茄耐不耐储藏，还是苹果切开会不会变色，往往是生活比较富足的人才会考虑的问题——真的，如果某个人在生活中能随时享用新鲜番茄和苹果或其制品，那在全世界范围内，他的收入水平已经比较靠前了！在全世界 70 多亿人口中，还有很多贫困人群，他们不仅难以吃到番茄和苹果，而且不得不终生与饥饿和营养不良斗争。

水稻是当今世界种植面积最广、产量第二的粮食作物，而大米是很多地区（特别是亚洲）贫民和低收入人群的主食。这些人日常只能吃到大米，很少能吃到水果、蔬菜和动物性食品，因此会患上营养缺乏病，其中以铁、锌和维生素 A 缺乏症危害最大。缺乏维生素 A 的最大症状是视力减退，在暗处看不清东西，而且患者的皮肤会发干，头发失去光泽，指甲脆弱易断。对儿童来说，缺乏维生素 A 不仅可能导致失明，还会严重影响身体（特别是骨骼）的发育；因为免疫力低下，也更容易感染各种传染病。WHO 曾经估计，每年全世界有 100万～200 万儿童直接或间接因维生素 A 缺乏症而死亡。即使是经济水平已经居于发展中国家前列的中国，儿童的维生素 A 缺乏症问题至今还没完全解决。

怎样才能改善这些人群的营养呢？办法当然有很多，但农学家想到了一种虽然"治标不治本"却能立竿见影的方法——通过改造大米品种，提高它的铁、锌和 β-胡萝卜素（摄入人体可转化为维生素 A）

图 10.4 黄金大米（右上）与普通大米（左下）的对比（图片引自国际水稻研究所，CC BY 2.0）

含量。在这些被改良的大米品种中，最引人注目的就是黄金大米了。

黄金大米是富含 β−胡萝卜素的大米。β−胡萝卜素是重要的光合色素，天然水稻当然能合成这种色素，但只让它出现在茎叶中，却不在种子（即大米）中设置相应的流水线，所以正常的大米不含 β−胡萝卜素，呈白色。

两位德国农学家波特里库斯（I. Potrykus）和拜尔（P. Beyer）发现，与其费力地把水稻茎叶内的工人请到种子里去工作，还不如"另请高明"效率高。他们把 3 个在合成 β−胡萝卜素的流水线上工作的外来工人［2 个来自观赏植物黄水仙（*Narcissus pseudonarcissus*），1 个来自噬夏孢欧文氏菌（*Erwinia uredovora*）］请到水稻的种子里面，就培育出了第一代含 β−胡萝卜素、呈金黄色的大米。

2005 年，瑞士一家农业科技公司培育出第二代黄金大米。这一回，请入大米的外来工人虽然只有 2 个（其中 1 个来自玉米，另 1 个仍然来自噬夏孢欧文氏菌），但它们的工作能力更强，让第二代黄金大米的类胡萝卜素含量是第一代的 23 倍，其中大部分是 β−胡萝卜素，金黄的色泽也更深了。

动物实验和人体实验都表明，黄金大米中的 β−胡萝卜素能被人体有效吸收，并且转化为维生素 A，可以在只吃大米的情况下很好地改善维生素 A 的缺乏状况。为了能让黄金大米在发展中国家推广，两代黄金大米培育技术中的专利持有者都放弃了专利权，允许农民们无偿种植、留种，还有国际水稻研究所等机构一直为黄金大米能获得批准而努力。不过因为种种原因，黄金大米曾经长期无法在任何一个国家获得种植许可。直到 2021 年 7 月，菲律宾才终于成为第一个批准种植黄金大米的国家。

10.3 不光高产，还能治病——未来的基因修饰农作物什么样？

改善以大米为主食的贫困人群的营养状况只是国际社会现在面对的近忧。从长远来看，地球人口在 21 世纪会持续增长，很可能在 2050 年膨胀到 100 亿。为了解决这么多人口的吃饭问题，我们必须发动一场绿色革命，让现有农作物的单位产量大幅提升。

然而，对一些粮食作物来说，传统育种方式所能带来的产量提升空间可能不大了。要想再在单产上取得重大突破，可能非得对这些植物体内的化工厂进行大改造不可。仍以 C3 植物水稻为例。在第 3 章第 4 节中已经提到过，C3 植物的光合作用效率不高，有不少辛辛苦苦固定的碳最后又白白浪费掉了，植物还得搭进去不少水和能量。相比之下，C4 植物对叶片结构做了重大改动，光合作用效率就要高得多，在热带地区更是如此。

那么，能否把作为 C3 植物的水稻的基因改造一下，转入 C4 植物用来构建光合作用独特结构的基因，人工把它改造成 C4 植物呢？在国际水稻研究所的牵头之下，国际上真的组建起了一支以农学家为主的队伍，努力实现这个宏伟梦想，以造福全人类。世界知名慈善家比尔·盖茨非常支持这个项目，先后于 2008 年和 2012 年通过比尔及梅琳达·盖茨基金会给予 1 100 万美元和 1 400 万美元的资金。

第 3 章第 4 节介绍过，在地球历史上，C4 植物曾经在相对较短的时间内多次独立地从不同的 C3 植物中演化出来，说明从 C3 到 C4 的转变对植物来说不是特别难，这让参与上述项目的农学家充满信心。根据他们的预计，从 2012 年项目启动起算，到最后培育出可以实际应用的 C4 水稻，大概需要 15 年时间。

为了实现这个目标，农学家计划实施"四步走"战略。第一步，找出所有与 C4 植物光合作用相关的基因，其中包括光合作用流水线本身

图 10.5 位于菲律宾马尼拉斯巴尼奥斯地区的国际水稻研究所总部
[图片引自非洲水稻中心（African Rice Center），CC BY-SA 3.0]

的基因，以及搭建独特叶片结构（主要是扩大的叶鞘细胞）的基因。第二步，将这些基因转入水稻体内，让它把叶片结构初步按"C4 标准"进行改造，并使其中的 C4 光合作用流水线能粗略地运转。第三步，不厌其烦地优化和精细调整，以便获得特征稳定、光合作用效率显著提高的基因修饰品系。最后一步，通过杂交等手段，把这套 C4 光合作用机制转给久经种植的优秀水稻品种。那么，这些农学家能否在 2027 年培育出 C4 水稻呢？我们不妨拭目以待。

除了"C4 水稻"项目，国际上还有同样野心勃勃的"固氮谷物"项目。我们已经知道，豆科等少数几个科的植物具有与根瘤菌共生的能力，它们可以在根细胞中为厌氧的根瘤菌提供较为安逸的生存环境；作为回报，根瘤菌吸收来自空气的氮气，把其中的氮元素固定下来，转化为植物可以利用的形式，回馈给这些"东家"。有了充足的氮元素植物才能茁壮生长，如果氮元素不足，农作物则长势不佳，产量大受影响。

水稻、小麦、玉米等一些主要粮食作物属于禾本科，但很不幸，该科植物缺乏与根瘤菌共生的能力。如果让这些作物也能与根瘤菌共生，那它们就可以在养分贫瘠的田地中良好地生长，从而提升中低产田的产量，最终增加粮食的供应，这正是英国农学家奥尔德罗伊德（G. Oldroyd）等人的计划。他们希望改造玉米的基因，让它像豆科植物一样能与根瘤菌交流，从而把根瘤菌招来为自己服务。不过，这个项目的难度要比"C4 水稻"大多了，奥尔德罗伊德自己也说不好要用多少年才能成功："可能是 50 年吧……我也不知道有没有可能在我退休之前实现，也许不太可能。"

在农学家忙于提升农作物产量的同时，其他科学家则设法利用植物化学技术处理棘手的污染问题。

毋庸置疑，现代工业一方面让我们的生活变得更便利、丰富，另一方面也带来各种严重的污染，重金属污染就是其中之一。重金属不仅污染水源，还能被一些农作物吸收和富集，而用这些被污染的农作物制作的食品常常含有过量的重金属。

不幸的是，水稻恰恰就是这样一种容易在食用部位富集重金属的农作物。在水稻富集的重金属中，镉的危害最大。镉不仅不是人体必需的元素，而且对人体有很高的毒性，部分原因是它的化学性质与钙相似，人体会误把镉当成钙，让镉在很多重要岗位上滥竽充数，导致严重的生理问题，比如骨质中的钙被镉取代后骨会变得十分脆弱。严重镉中毒患者的关节、骨骼往往会发生病变，甚至自身的体重就可以把骨头压断！

日本曾经发生过镉污染的严重公害，因此日本农学家对于水稻富集镉的生理机制一直十分关注。在 2012 年，东京大学的中西启仁和西泽直子的研究团队就找到一个可以影响水稻根部对镉吸收的特殊基因；如果该基因失灵，那么携带这种突变基因的植株即使种在被镉污染的稻田中，大米中也几乎不含镉。这些农学家设想，若是让正常水稻中的这个基因完全失去作用，就能开发出不吸收镉的"安心水稻"。东京大学已经根据这一思路，采取基因修饰技术，用著名的粳稻原品种"越光"培育出它的低镉突变型"kmt1"。

　　不过，事情往往有两面。农学家们同时发现，这个特殊的基因还影响水稻对必需微量元素锰的吸收；让这个基因"沉默"虽然可以使大米中的镉含量在镉污染的环境中不上升，但会造成植株锰元素缺乏，结果大米产量明显降低。不仅如此，还有许多其他基因以不同的机制共同决定大米的镉含量。如何做到既让大米不富集镉，又不影响水稻对锰的吸收，无疑是对农学家的又一场考验。如今，国内外的许多农学家，都在为培育低镉稻而努力。

　　反过来，基因修饰技术也可以用于培育具有很强重金属富集能力的植物，把它们种在被重金属严重污染的地区，从而对土壤进行生物修复。在这方面，烟草是研究比较多的植物之一。早在1983年，农学家就培育出了一个基因修饰的烟草品种，它也因此成为世界上第一批成功应用了基因修饰技术的植物之一，堪称这一领域中的"元老"。如今，已经有很多实验成功地用基因修饰的烟草去除了土壤中的汞等重金属。

　　某些基因修饰的植物还可以用来治病。比如在日本，柳杉（*Cryptomeria japonica*）是一种常见的树木，木材很有用。然而，很多人对它的花粉过敏，一到春天柳杉散发花粉的时候，就忍不住打喷嚏、流鼻涕，十分难受。为此，日本一家机构培育了一种基因修饰的水稻，让大米可以合成柳杉花粉中致敏的蛋白质。常吃这种大米可以强迫人体的免疫系统"习惯"柳杉花粉，不再对其中的致敏蛋白质展开攻击，这样就可避免在柳杉花粉散落的季节产生过敏症。通过吃东西治疗过敏症，可以说是十分巧妙了。

　　不仅如此，基因修饰的植物甚至可以用来生产疫苗和其他蛋白质类药物。在过去，这些药物的生产几乎被微生物垄断，这很好理解——比起植物来，微生物基因简单，很容易改造；繁殖更快，资源充足时甚至可以迅速1分为2、2裂为4，让个体数呈几何级数倍增，在短时间内就合成出大量目标产品。然而，微生物也有其局限性。比

图 10.6 柳杉（寿海洋摄）

如，如果想要生产的医用蛋白质来自真核生物，那么就很难用细菌之类的原核生物来制造，因为二者编码蛋白质的基因结构不同，细菌无法识别出真核生物基因中很多毫无意义的"废话"（比如基因内含子之类），还以为那些也是编码蛋白质的代码，结果只能制造出一团没有功能的废物。酵母菌倒是真核生物，而且已经知道如何删掉它们基因里的"废话"，所以人们经常改造它们，用来合成真核生物的蛋白质。可酵母菌不是人类的食物，它们产生的目标蛋白质必须先提纯，这就增加了生产成本。相比之下，如果疫苗等医用蛋白质口服就能发挥作用，那么可以用一些农作物来"制造"它们，直接吃下这样的食品相当于吃下了这些蛋白质药物，就像前面提到的那种让人耐受柳杉花粉的大米一样。

目前，医学界已经尝试用基因修饰的植物生产多种医用蛋白质，比如狂犬病疫苗、乙型肝炎疫苗等需求量很大的品种，并在实验室条件下取得了一定成果。也许在不久的将来，这些产品就可以在医疗市场上见到了。

10.4 在争议中进步——基因编辑技术

虽然改造植物化工厂这个主意听上去很有趣，而且应用前景非常广阔，代表着人类社会和科学技术重要发展方向，但是对一些不了解这项技术基本原理的人来说，这简直就是能毁灭地球的"魔鬼技术"。有人对基因修饰技术的俗称"转基因技术"望文生义，以为转基因食品吃下去会把自己的基因转掉；有人不能理解昆虫与人体消化道的差异，总觉得能把虫子毒死的粮食也会让人中毒；还有人相信转基因食品不仅可以让人不孕不育，连老鼠都销声匿迹……

其实，但凡已经上市的基因修饰食品，都经过了极为严格的食品安全试验，可以保证不会对食用者的健康造成明显的危害。说实话，如果拿同样严格的标准去检测，很多传统食品都过不了关。仅以致癌性来说，蕨菜含有可能致癌的毒素原蕨苷，腌菜经常含有可能致癌的亚硝酸盐，香肠、熏肉、肉酱之类的肉制品就更不用说了——它们是国际癌症研究机构正式确定的一级致癌物！

科学界当然并非对基因修饰技术全无质疑，但比较严肃的质疑主要来自生态学方面。因为害虫和杂草也在不断演化以适应环境，所以大田种植的抗虫的基因修饰农作物变得不那么有抗性只是个时间早晚问题。不仅如此，这些作物还有可能通过花粉散播等方式，让这些外源基因扩散到野生植物中，从而对整个生态系统造成不可预计的影响，特别是很有可能给农作物野生近缘种的基因库带来污染。

农学家们对目前的基因修饰技术也不太满意。这项技术在引入目标基因的时候，虽然比传统杂交育种技术要精准一些，但还是存在一定盲目性，并不是每次都能成功地引入目标基因；即使成功地引入了目标基因，也不能保证它可以正常表达。而且，引入的基因通常只是随便插在目标生物本身基因组中的某个位置，基本没法实现精确定位。还用前面的比喻来说，基因修饰技术顶多能把这段新指令随机地写在

DNA 老板身上的"天书"中某个位置，然后寄希望于 DNA 老板能读懂并知道如何利用这段新指令。假如能够有更精准地改造植物化工厂的技术，农学家们也是乐意多用这些新技术，同时少用已经被过度质疑的基因修饰技术的。

事实上，这种比基因修饰技术更精准、更便于操作的修改 DNA 分子碱基序列的技术现在还真有了，叫作"基因编辑技术"。它基本可以做到只对生物 DNA 分子的特定位置进行遗传密码的"增、删、改"操作，相当于直接对 DNA 老板身上的"天书"中确定位置的字句进行编辑，较之基因修饰技术，精度自然大为提高。

目前，最好用的基因编辑技术叫"CRISPR/Cas9"，这是"规律间隔成簇短回文重复序列相关第九号核酸酶"的英文缩写。这种技术不仅可以引入外源基因，而且很方便地去掉生物原有的某个基因，或者把某个基因改写成另一种版本。更重要的是，它是一种花销不大、很容易上手的技术，很多实验室自己就可以完成，无须像早期的基因修饰技术那样仰赖专门的生物技术公司设计实验所需的酶。难怪自这项技术在 2013 年问世之来，学术界马上就意识到了它的巨大潜力，并迫不及待地应用到各种研究中来。

2015 年，美国宾夕法尼亚大学的华人学者杨亦农就用基因编辑技术修改了俗称"白蘑菇"、全球市场上最常见的食用真菌之一的双孢蘑菇（*Agaricus bisporus*）的基因。这种蘑菇的细胞不仅与苹果相似，既含有多酚，又含有多酚氧化酶，而且比苹果软得多，稍微碰一下就可能造成细胞破坏，让多酚和多酚氧化酶相遇，由原本的洁白变成难看的褐色。每年都有很多双孢蘑菇采摘下来之后还没来得及摆上超市的

图 10.7 双孢蘑菇（图片引自"维基百科 Darkone"，CC BY-SA 2.5）

货架，就因为变色而丢弃。

杨亦农早已知道，双孢蘑菇中有 6 个与多酚氧化酶相关的基因。于是他运用 CRISPR/Cas9 基因编辑技术，删掉其中一个基因中的几对碱基，使这个基因彻底失灵，由此让这种蘑菇中的多酚氧化酶的活性下降了 30%。他只用了两个月时间就完成了这项工作，总花费也很小。因为这个品系并不含来自其他生物的基因，美国农业部认为没有必要对它进行任何管制，便直接给它的商业化栽培开了"绿灯"。

当然，双孢蘑菇作为一种真菌，在如今的生物分类体系中已经不能再算植物了。然而，目前的确有几十个经过基因编辑的农作物品系被开发出来，正处在不同的实验阶段。其中，高油酸大豆、耐低温储藏的马铃薯和耐碰损的马铃薯已经通过了美国农业部的"无须管制"审查。

在高油酸大豆的脂肪中，仅含一个碳碳双键的单不饱和脂肪酸（主要为油酸，即十八碳-顺-9-烯酸）含量高达 80%（普通大豆品种才约 20%），含两个或更多碳碳双键的多不饱和脂肪酸的含量则明显较少。因为多不饱和脂肪酸在油温稍高时就分解、冒烟，也容易因氧化而酸败，所以比起普通大豆油来，高油酸大豆油不仅"烟点"显著提高，更适于煎或炸，而且不容易变质。在以前，食品工业界为了利用价格低廉的大豆油制作食品，不得不让它与氢气反应（生成氢化大豆油），强行降低多不饱和脂肪酸的含量，但在这个过程中会生成对健康十分有害的反式脂肪酸。有了高油酸大豆油品种，那种不健康的氢化大豆油终于可以退出市场了！

耐低温储藏的马铃薯，是通过编辑与淀粉降解有关的基因，抑制块茎中的淀粉在冬储时的降解，避免作为降解产物的还原性糖的积累。相对而言，普通的马铃薯中的还原性糖较多，在高温炸制薯条的过程中，它会与氨基酸发生反应，生成很可能对人类有致癌性的丙烯酰胺。

耐碰损的马铃薯与不变色的苹果和双孢蘑菇相似，经过基因编辑技术操作，让其块茎中的多酚氧化酶活性明显降低，在擦碰损伤之后也不容易变色。

除了上述这些农作物自身品质的改良，农学家还在展望更宏伟的计划——用基因编辑技术直接修改农作物野生植株的基因编码，让它们很快就能获得农作物高产和易收获的能力，同时保留野生植株抗病和抗逆境的本领。运用传统的杂交技术需要 10 年才能完成的工作，将来可能只要 1～2 个月就能实现。

毫无疑问，我们现在处在又一场育种革命的前夜。然而，已经有一些先前激烈反对基因修饰技术的人，现在又望风捕影，开始激烈反对起基因编辑技术来。对此，科学界吸取了以前未能就基因修饰技术及时与公众沟通的教训，决心在基因编辑食品上市之前，就努力让公众打消疑虑。

当然，一种新技术再好，总会有人拒不接受。英国科幻作家亚当斯（D. N. Adams）曾经总结了一套幽默的"技术接受三定律"，生动地描述了这种心理现象：

（1）任何在你出生时已有的技术都稀松平常，不过是世界本来秩序的一部分；

（2）任何在你 15～35 岁时发明的技术都是新颖刺激的革命性产物，你很可能会拿它当职业；

（3）任何在你 35 岁以后发明的技术都是违反自然秩序的玩意儿。

请本书读者想一想，我们对待新技术的态度，是否也符合这套"定律"呢？

10.5 不再种植农作物的一天——人工光合系统展望

如果让我们思路再放开一点，那么改造植物细胞化工厂里的流水线仍然是一种迂回、不够直截了当的做法。为什么我们一定要让流水线工人留在那些任务繁重、闹哄哄的细胞化工厂里呢？为什么不能把它们干脆请到一种人造、非细胞、不受外界干扰的理想环境中，让它们最大程度地贡献力量呢？再进一步的话，我们是不是可以模仿这些流水线或工人，完全人工创造出新的流水线和工人，以比植物高得多的效率生产我们需要的产品呢？

要说把流水线工人从细胞化工厂请出来工作，这倒不是什么新鲜事。比如加酶洗衣粉，里面的酶制剂大概是我们日常生活中最容易遇到的从细胞化工厂里请出来的流水线工人。以最早应用的碱性蛋白酶为例，它们本来在细菌细胞里工作，现在离开了天然的细胞环境，来到人工环境——洗衣盆和洗衣机中施展身手。洗衣机虽然不算是安静的环境，但有助于碱性蛋白酶与污渍的充分接触；要是再提供较为理想的其他条件，比如保持水的弱碱性和合适的水温，碱性蛋白酶就可以把衣物上的蛋白质污渍分解，达到很好的清洁效果。

被请出细胞化工厂的植物酶制剂也有不少，番木瓜蛋白酶就是其中之一。人们从未成熟的番木瓜果皮里把它们聚集起来，用在食品工业中，比如让它分解肉类的蛋白质丝，使肉变得更柔嫩，口感因此改善。

当然，上面这两种酶制剂都只是一次性使用，还不能最大程度地发挥这些工人的作用。相比之下，来源于细菌的木糖异构酶的工业应用才算是比较符合"人造流水线"的例子。食品工程师把木糖异构酶提取出来，固定在专门的容器中，给它提供合适的温度，它就源源不断地把葡萄糖转化为甜度更高的果糖，由此便能以玉米为原料生产出很有商业价值的甜味剂——高果糖浆（虽然这种甜味剂对健康有一定负面影响，但这是超出本书范围的另一个话题了）。

不过，这些已经实现的技术似乎并不特别令人惊奇。在当前世界的工业体系中，它们只是起了锦上添花的作用，还远不是具有革命性、颠覆性的发明。真正具有划时代意义、长远来看会改变整个人类社会进程的技术，是人工光合系统。

顾名思义，人工光合系统就是利用光能，把二氧化碳等简单含碳物质合成较复杂的有机物的人造化学反应系统。人工光合系统虽然不一定要完全复制植物等需氧光合生物的整套光合作用流水线，但有两个关键技术点是共通的：一是把光能聚集起来，二是用这些能量合成出复杂有机物，或是把水分解成氧和氢。

为什么我们需要人工光合系统？答案显而易见：自从 18 世纪英国开始工业革命以来，人类社会消耗的能源越来越多，其中绝大多数来自不可再生的化石能源（煤、石油、天然气等）和铀矿能源。仅就化石能源而言，人类现在正快速挥霍地球辛辛苦苦积累了几亿年的能量，仿佛一棵苹果树费了 5 个月才结出一个果实，而人吃掉这个苹果只用了一分钟。更不幸的是，苹果树可以年年结果，而化石能源却是一次性的。假如人类在几十、几百年后找不到这些不可再生能源的替代物，那时将耗尽地球的化石能源储备。不妨让我们设想这样一种"重返古代社会"的场景：你下班或放学之后，坐着马车或步行穿过满眼炊烟、气味呛鼻的街道，走进被昏暗烛光照亮的家门，与坐在炉火旁的亲友聊天，一起回忆在网上购物、天地间满是飞机和汽车的历史。

解决能源危机有两条路可走，其中一条是可控核聚变，这样可利用地球上相对充裕的氢同位素资源，人为生成大量能量，用上几千几万年（当然，总有一天也会枯竭）；另一条是更充分地利用太阳能这个天然的能源宝库，以及由它创造的水能、风能等可再生能源。如果能够用人工光合系统高效、稳定地捕捉太阳能，以比植物快很多倍的速度合成有机物，那我们就可以让每年消耗的有机燃料也变成一种可再生能源，随产随用，收支平衡，无须再仰仗史前地球的积累。

正因为人工光合系统有这样重大而现实的意义，近年来它一直是热门研究领域。有人专门研究如何在催化剂的作用下利用太阳能裂解水，为此试了钌、铱、钴、锰等有催化作用的金属及其化合物。尽管目前的进展不太理想，但大量的尝试已经为今后的发展指出了大致的方向——人类可能还得学习植物体内催化水裂解的酶，把金属原子嵌在有机物分子中，这样比较容易实现水的高效裂解。

把水裂解成氢和氧，虽然只是植物光合作用总化学过程中的前一半，但已经足以创造出氢气这种清洁燃料了。当然，更引人注目的还是这个总化学过程中的后一半——用简单含碳物质合成较复杂的有机物。在这方面，目前取得的进展更不理想。虽然有人会嘲笑植物体内那个眼神不好、频频误抓氧气分子的暗反应流水线工人"鲁比斯科"（还记得吗，它的本职工作是把空气中的二氧化碳固定下来？），但到目前为止，人类自己还没有创造出比它固碳能力更强的"人造工人"。

虽然纯人工光合系统一时建不起来，但我们不妨从比较容易实现的半人工光合系统入手。哈佛大学的两位化学家西尔弗（P. A. Silver）和诺切拉（D. G. Nocera）在 2016 年就研制出一种名为"人工树叶"的半人工光合系统，其中水裂解的过程由人工系统完成：先用光伏电池把太阳能转化为电能，再通过由钴—磷合金制作的催化剂，利用这些电能把水裂解为氢和氧。之后，她们让一种叫"杀手贪铜菌"（*Cupriavidus necator*，异名为 *Ralstonia eutropha*）的细菌利用这些氢和二氧化碳合成出多种较复杂的有机物，比如含 3～5 个碳原子的醇类。

粗看上去，这套"人工树叶"十分笨拙，连水的裂解都不能直接利用阳光，还得让光伏电池充当中介。然而，就是这样粗糙的人工光

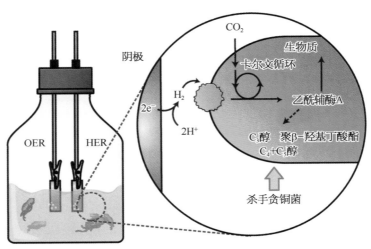

图 10.8 哈佛大学的"人工树叶"系统简图

图中，OER 为析氧反应（oxygen evolution reaction）的英文缩写；HER 为析氢反应（hydrogen evolution reaction）的英文缩写；e^- 是电子，它与氢离子（H^+）结合生成氢原子，氢原子再组成氢气分子。（据 Liu *et al.*, 2016 改绘）

合系统，却实现了 10% 的光能转化率，也就是 10% 的阳光能量固定到最终的有机产物中。相比之下，一般野生植物通过光合作用实现的光能转化率只有 0.2%～2%，人工驯化的农作物的光能转化率一般也才 1%～2%。无疑，这套相对原始的半人工光合系统的效率已经大大超过天然的植物光合作用！

当然，从目前这样的半人工光合系统到理想、高效的纯人工光合系统还有很多技术难关要攻克。但是，这并不妨碍未来学家和科幻作家畅想神奇的未来场景。其实早在 1978 年，我国著名科幻作家叶永烈就在他的名著《小灵通漫游未来》中幻想人工光合系统完全代替农作物生产淀粉的情形：阳光照到淀粉生产车间的绿色天花板和墙壁上，不断有淀粉合成出来，像雪一样飘落；把它们收集起来，加工成一粒粒圆溜溜的"珍珠米"；有了这种人造粮食厂，就不再需要那么多农田了，人们只会保留很少的田地，种一点天然大米"换换口味"。

假如这一天真的到来，那绝对会彻底改变人与地球的关系。自古以来，人类的生存需要衣食和住行，还需要医药和娱乐，而植物曾经在这些方面提供了大量人类赖以为生的资源。然而，就像第 9 章最后所说，随着技术的进步，人类不断找到可以替代植物的材料，植物便逐渐从我们生活中的许多领域退隐。现在，植物在提供食物、纤维等方面还有无可替代的作用，但如果连这些功能都直接或间接被人工光合系统取代，那它们对人类生活的实用意义便会再度剧烈缩减。这样，不光人类可以实现更高层次的"资源自由"，连已经被压迫得几乎喘不过气的地球生态系统，说不定也可以获得解放。惨遭破坏、开垦为农田和人工林的自然生态系统也许可以重建，恢复郁郁葱葱的本来面貌，重现鸟语花香的蓬勃生机。

我们无法估计这样的美好愿景何时会实现，但毫无疑问它是值得努力追求的终极目标。

参考文献

一般参考文献

《彩图科技百科全书》编辑部 .2005. 彩图科技百科全书 . 第三卷，生命 . 上海：上海
　　科学技术出版社，上海科技教育出版社 .

潘瑞炽 .2004. 植物生理学（第五版）. 北京：高等教育出版社 .

王镜岩，朱圣庚，徐长法 .2002. 生物化学（第 3 版）· 上册 . 北京：高等教育出版社 .

王镜岩，朱圣庚，徐长法 .2002. 生物化学（第 3 版）· 下册 . 北京：高等教育出版社 .

徐任生 .2003. 天然产物化学（第二版）. 北京：科学出版社 .

B. B. 布坎南，W. 格鲁依森姆，R. L. 琼斯 .2004. 植物生物化学与分子生物学 . 瞿礼
　　嘉，顾红雅，白书农主译 . 北京：科学出版社 .

Ward P D, Brownlee D. 2000. Rare Earth: Why Complex Life Is Uncommon in the
　　Universe. New York: Copernicus Books.

本书还参考了国际癌症研究署（International Agency for Research on Cancer,
　　www.iarc.fr）、国际农业生物技术应用服务组织（International Service for the
　　Acquisition of Agri-biotech Applications，www.isaaa.org）、世界卫生组织（www.
　　who.int）、"多识植物百科"网站（http://duocet.ibiodiversity.net）的在线数据
　　库，相关数据均截至 2020 年 12 月 31 日。

序章　地球上最伟大的工厂

Algeo T J, Scheckler S E. 1998. Terrestrial-marine teleconnections in the Devonian:
　　links between the evolution of land plants, weathering processes, and marine anoxic
　　events. Philosophical Transactions of the Royal Society B: Biological Sciences,
　　353(1365): 113−130.

Turkington R. 2009. Top-down and bottom-up forces in mammalian herbivore − vegetation
　　systems: an essay review. Botany, 87: 723−739.

第 1 章　得天独厚的元素

陈祚伶，丁仲礼.2011.古新世-始新世极热事件研究进展.第四纪研究，31（6）：937-950.

Bressan R A, LeCureux L, Wilson L G, *et al.* 1979. Emission of ethylene and ethane by leaf tissue exposed to injurious concentrations of sulfur dioxide or bisulfite ion. Plant Physiology, 63: 924-930.

Engvild K C. 1996. Herbicidal activity of 4-chloroindoleacetic acid and other auxins on pea, barley and mustard. Physiologia Plantarum, 96: 333-337.

Minami K, Neue H U. 1994. Rice paddies as a methane source. // White D H, Howden S M. Climate Change: Significance for Agriculture and Forestry. New York: Springer: 13-26.

Wilson J B. 1997. An evolutionary perspective on the 'death hormone' hypothesis in plants. Physiologia Plantarum, 99: 511-516.

第 2 章　拥抱"狼分子"

尼克·莱恩.2016.生命的跃升：40亿年演化史上的十大发明.张博然译.北京：科学出版社.

Buchanan B B, Arnon D I. 1990. A reverse KREBS cycle in photosynthesis: consensus at last. Photosynthesis Research, 24: 47-53.

Castresana J, Lübben M, Saraste M, *et al.* 1994. Evolution of cytochrome oxidase, an enzyme older than atmospheric oxygen. The EMBO Journal, 13(11): 2516-2525.

GBD 2016 Alcohol Collaborators. 2018. Alcohol use and burden for 195 countries and territories, 1990-2016: a systematic analysis for the Global Burden of Disease Study 2016. The Lancet, 392(10152): 1015-1035.

Lynas M. 2011. The God Species: Saving the Planet in the Age of Humans. London: Fourth Estate.

Martínez-Esteso M J, Sellés-Marchart S, Lijavetzky D, *et al.* 2011. A DIGE-based quantitative proteomic analysis of grape berry flesh development and ripening reveals key events in sugar and organic acid metabolism. Journal of Experimental Botany, 62(8): 2521-2569.

Ruffner H P. 1982. Metabolism of tartaric and malic acids in *Vitis*: A review- Part A. Vitis, 21: 247-259.

Sweetman C, Deluc L G, Cramer G R, *et al.* 2009. Regulation of malate metabolism in grape berry and other developing fruits. Phytochemistry, 70: 1329-1344.

第 3 章　养活世界的细胞内流水线

Arp T B, Kistner-Morris J, Aji V, *et al.* 2020. Quieting a noisy antenna reproduces photosynthetic light-harvesting spectra. Science, 368: 1490–1495.

Fernstrom J D, Munger S D, Sclafani A, *et al.* 2012. Mechanisms for sweetness. The Journal of Nutrition, 142(6): 1134S–1141S.

Hirai T, Sato M, Toyooka K, *et al.* 2010. Miraculin, a taste-modifying protein is secreted into intercullular spaces in plant cells. Journal of Plant Physiology, 167: 209–215.

Ruiz-Medrano R, Jimenez-Moraila B, Herrera-Estrella L, *et al.* 1992. Nucleotide sequence of an osmotin-like cDNA induced in tomato during viroid infection. Plant Molecular Biology, 20(6): 1199–1202.

第4章　衣食住行所系

Cragg S M, Beckham G, Bruce N C, *et al.* 2015. Lignocellulose degradation mechanisms across the Tree of Life. Current Opinion in Chemical Biology, 29: 108–119.

Hendry G A F. 1993. Evolutionary origins and natural functions of fructans– a climatological, biogeographic and mechanistic appraisal. New Phytologist, 123(1): 3–14.

Nobles D R, Romanovicz D K, Brown RM. 2001. Cellulose in cyanobacteria. Origin of vascular Plant cellulose synthase? Plant Physiology, 127: 529–542.

Schneider R, Hanak T, Persson S, *et al.* 2016. Cellulose and callose synthesis and organization in focus, what's new? Current Opinion in Plant Biology, 34: 9–16.

第5章　植物的一天

丹尼尔·查莫维茨 .2018. 植物知道生命的答案（修订珍藏版）. 刘夙译 . 武汉：长江文艺出版社 .

张艺能，周玉萍，陈琼华，等 .2014. 拟南芥开花时间调控的分子基础 . 植物学报，49(4): 469–482.

Boyd E S, Peters J W. 2013. New insights into the evolutionary history of biological nitrogen fixation. Frontiers in Microbiology, 4: 201.

Watson J D, Crick F H C. 1953. Molecular structure of nucleic acids. Nature, 171(4356): 737–738.

Zhu J K. 2002. Salt and drought stress signal transduction in plants. Annual Review of Plant Biology, 53: 247–273.

第6章　香与色何来

Baker M E. 2011. Origin and diversification of steroids: co-evolution of enzymes and nuclear receptors. Molecular and Cellular Endocrinology, 334: 14–20.

Billing J, Sherman P W. 1998. Antimicrobial functions of spices: why some like it hot. The Quarterly Review of Biology, 73(1): 3–49.

Brockington S F, Walker R H, Glover B J, *et al.* 2011. Complex pigment evolution in the

Caryophyllales. New Phytologist, 190: 854−864.

Des Marais D L. 2015. To betalains and back again: a tale of two pigments. New Phytologist, 207: 939−941.

Khan M I. 2016. Plant betalains: safety, antioxidant activity, clinical efficacy, and bioavailability. Comprehensive Reviews in Food Science and Food Safety, 15: 316−330.

Lange B M, Rujan T, Martin W, *et al.* 2000. Isoprenoid biosynthesis: The evolution of two ancient and distinct pathways across genomes. PNAS, 97(24): 13172−13177.

Lombard J, Moreira D. 2011. Origins and early evolution of the mevalonate pathway of isoprenoid biosynthesis in the three domains of life. Molecular Biology and Evolution, 28(1): 87−99.

Schwab W, Davidovich-Rikanati R, Lewinsohn E. 2008. Biosynthesis of plant-derived flavor compounds. The Plant Journal, 54: 712−732.

Villanueva L, Damsté J S S, Schouten S. 2014. A re-evaluation of the archaeal membrane lipid biosynthetic pathway. Nature Reviews Microbiology, 12: 438−448.

第 7 章　为生存而奋斗

Lolito S B, Frei B. 2006. Consumption of flavonoid-rich foods and increased plasma antioxidant capacity in humans: Cause, consequence, or, epiphenomenon? Free Radical Biology & Medicine, 41: 1727−1746.

Takeda K. 2016. Blue metal complex pigments involved in blue flower color. Proceedings of the Japanese Academy, Series B, 82: 142−154.

Vogt T. 2010. Phenylpropanoid biosynthesis. Molecular Plant, 3(1): 2−20.

第 8 章　各显神通的毒师

鲁传涛 .2014. 除草剂原理与应用原色图鉴 . 北京：中国农业科学技术出版社 .

Michl J, Simmonds M S J, Heinrich M. 2014. Naturally occurring aristolochic acid analogues and their toxicities. Natural Product Reports, 31(5): 676−693.

Patocka J. 2018. Highly toxic ribosome-inactivating proteins as chemical warfare or terrorist agents. Military Medical Science Letters, 87: 1−11.

第 9 章　现代药的祖师

葛均波，徐永健 .2013. 内科学（第 8 版）. 北京：人民卫生出版社 .

饶毅，张大庆，黎润红 .2015. 呦呦有蒿：屠呦呦与青蒿素 . 北京：中国科学技术出版社 .

杨宝峰 .2013. 药理学（第 8 版）. 北京：人民卫生出版社 .

Duffin J. 2000. Poisoning the spindle: serendipity and discovery of the anti-tumor properties of the *Vinca* alkaloids. Canadian Bulletin of Medical History, 17: 155−192.

Kim K W, Roh J K, Wee H J, *et al*. 2016. Cancer Drug Discovery: Science and History. Springer Netherlands.

第 10 章 植物化工厂的未来

Ishikawa S, Ishimaru Y, Igura M, *et al*. 2012. Ion-beam irradiation, gene identification, and marker-assisted breeding in the development of low-cadmium rice. PNAS, 109(47): 19166−19171.

Jaganathan D, Ramasamy K, Sellamuthu G, *et al*. 2018. CRISPR for crop improvement: an update review. Frontiers in Plant Science, 9: 985.

Liu C, Colón B C, Ziesack M, *et al*. 2016. Water splitting-biosynthetic system with CO_2 reduction efficiencies exceeding photosynthesis. Science, 352(6290): 1210−1213.

Von Caemmerer S, Quick W P, Furbank R T. 2012. The development of C_4 rice: current progress and future challenges. Science, 336(1671): 1671−1672.

Ye X, Al-Babili S, Klöti A, *et al*. 2000. Engineering the provitamin A (β -carotene) biosynthetic pathway into (carotenoid-free) rice endosperm. Science, 287: 303−305.

附 表

书中蛋白质昵称对照

中文昵称	英文缩写	中文名	英文名
啊 哈	AHAS	乙酰羟酸合酶（AHA合酶）	acetohydroxyacid synthase
爱吃醋	ACC	乙酰辅酶羧化酶	acetyl coenzyme carboxylase
宝 儿	PAL	苯丙氨酸氨裂合酶	phenylalanine ammonia lyase
曹四海	C4H	肉桂酸-4-羟化酶	cinnamate 4-hydroxylase
陈 爱	CHI	查耳酮异构酶	chalcone isomerase
陈 欧	CO	常花蛋白*	COSTANS
陈 思	CHS	查耳酮合酶	chalcone synthase
陈长安	CCA1	节律钟相关1蛋白*	circadian clock associated 1
聪 明	CM	分支酸变位酶	chorismate mutase
打哈欠	DHQS	3-脱氢奎尼酸合酶（DHQ合酶）	3-dehydroquinic acid synthase
大 萧	NR	硝酸还原酶	nitrate reductase
鹅扑水扑水	EPSPS	5-烯醇式丙酮酰莽草酸-3-磷酸合酶（EPSP合酶）	5-enolpyruvylshikimate-3-phosphate synthase
方桐	FT	开花位点T蛋白*	flowering locus T

（续表）

中文昵称	英文缩写	中文名	英文名
加普德赫	GAPDH	甘油醛-3-磷酸脱氢酶	glyceraldehyde-3-phosphate dehydrogenase
江美瞳	JMT	茉莉酸羧基转甲基酶	jasmonic acid carboxyl methyltransferase
林海英	LHY	晚伸长下胚轴蛋白 *	late elongated hypocotyl
鲁比斯科	RuBisCO	核酮糖-1,5-双磷酸羧化酶 / 加氧酶	ribulose-1, 5-bisphosphate carboxylase/oxygenase
毛金娥	MJE	茉莉酸甲酯酶	methyl jasmonate esterase
萨 特	SUT	蔗糖转运体	sucrose transporter
沈大亨	SDH	莽草酸脱氢酶	shikimate dehydrogenase
唐 昊	TH	酪氨酸羟化酶	tyrosine hydroxylase
陶 克	TOC1	叶绿素 a, b 结合蛋白表达定时 1 蛋白 *	timing of chlorophyll a, b-binding protein expression 1
小 萧	NiR	亚硝酸还原酶	nitrite reductase

注：标 "*" 者为本书首次翻译。

附 图

植物体内重要生物化学反应流程示意

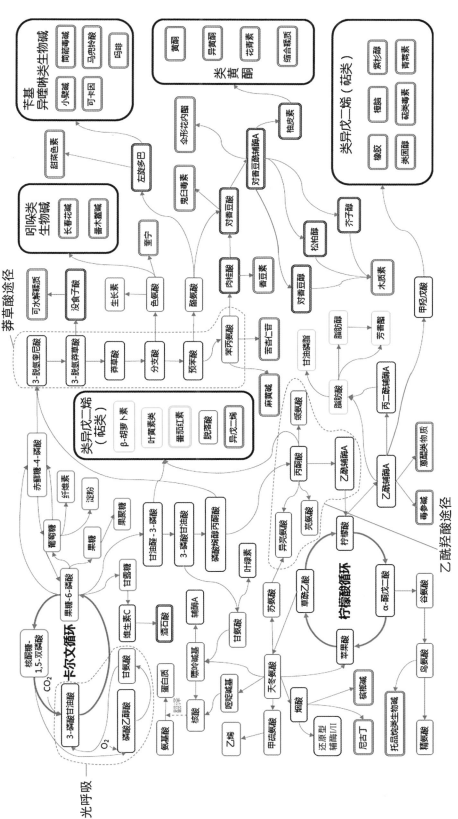

注：
1. 本流程图中的起始物和产物之间可能包含多个反应步骤。
2. 细单线框内为基本代谢产物，细双线框内为次生代谢产物。
3. 细框线颜色代表的类别：红色，糖类；黄色，脂类；蓝色，氨基酸和蛋白质；绿色，植物激素；黑色，其他有机酸及其简单衍生物；紫色，其他次生代谢产物。

索　引